实物保护系统设计与评估

朱彦伟　雷蕊平　芦杉　冯林方　闫敏 ◎ 著

西南交通大学出版社
·成　都·

图书在版编目（CIP）数据

实物保护系统设计与评估 / 朱彦伟等著. -- 成都：
西南交通大学出版社，2024.1
ISBN 978-7-5643-9603-9

Ⅰ. ①实… Ⅲ. 朱①… Ⅲ. ①安全系统 – 系统设计②
安全系统 – 安全评价 Ⅳ. ①X913

中国国家版本馆 CIP 数据核字（2023）第 236276 号

Shiwu Baohu Xitong Sheji yu Pinggu

实物保护系统设计与评估

朱彦伟 雷蕊平 芦 杉 冯林方 闫 敏 著

责 任 编 辑	黄淑文
封 面 设 计	原谋书装
出 版 发 行	西南交通大学出版社
	（四川省成都市金牛区二环路北一段 111 号
	西南交通大学创新大厦 21 楼）
营销部电话	028-87600564 028-87600533
邮 政 编 码	610031
网 址	http://www.xnjdcbs.com
印 刷	郫县犀浦印刷厂
成 品 尺 寸	185 mm × 260 mm
印 张	16.5
字 数	253 千
版 次	2024 年 1 月第 1 版
印 次	2024 年 1 月第 1 次
书 号	ISBN 978-7-5643-9603-9
定 价	88.00 元

前　言
PREFACE

　　实物保护是确保核材料核设施安全的重要保障条件之一，是国际社会核领域通用的技术措施。实物保护系统是由探测、延迟、反应三部分组成的综合安全防范系统，主要用于防止或阻止个人或团伙抢劫、盗窃、非法转移核材料或破坏核设施、核材料。核材料核设施单位应根据保护对象、设计基准威胁，综合考虑人力防范、实体防范、技术防范措施，运用安全防范、电子信息、计算机网络等现代科学技术，构建安全、可靠、先进、经济、适用的实物保护系统。

　　多年来我国一直重视实物保护工作，已基本建立了由法规标准、基础技术、评估技术、管制与监管技术等组成的比较完善的技术体系。本书主要是基于设计基准威胁分析与界定、保护对象分析、实物保护系统有效性分析评估等基础技术研究成果，并综合考虑我国在核材料核设施实物保护多年设计、建设与运行管理等工作实践经验的基础上编制而成的。本书比较系统、全面地介绍了固定核设施实物保护系统设计与评估的基本知识和方法，可作为实物保护科研设计人员、运行管理人员、管制与监管人员的学习参考资料，对规范提升我国核材料核设施实物保护综合能力和管理水平有很好地指导作用。

　　本书共 13 章，书中内容由浅入深、由点到面、理论与实践相结合，详细介绍了实物保护的基础知识、法规标准体系、设计基准威胁界定、保护目标分级分区、实体屏障及各技防系统的设计要求等内容，具体章节如下：

　　第 1 章介绍了实物保护的基础知识和基本概念。

　　第 2 章重点介绍了我国实物保护法规标准，并对国外实物保护相关法规标准进行了简要介绍。

第 3 章、第 4 章分别介绍了实物保护系统的设计基准威胁界定，实物保护分级与保护对象分析。

第 5 章介绍了实物保护分区和实体屏障设计。

第 6～10 章介绍了入侵报警系统、视频监控系统、出入口控制系统、通信系统，以及照明供电等实物保护技术防范子系统的相关知识、设计方法和设计要求。

第 11 章介绍了保卫控制中心、集成管理系统以及网络安全的设计。

第 12 章介绍了反应与人力防范的内容和要求。

第 13 章介绍了实物保护系统评估的方法。

本书在编写过程中编录了许多标准规范条文，同时也参考了大量文献和相关资料，感谢刘炫、孙晓静、侯晓帅、张建伟、任晓飞、李晓航、肖真霞、王昊、王岳泉等同志在本书编写过程中提供了宝贵的技术资料和修改意见，并特别感谢侯福臻同志对本书编制工作提供了大量的意见和建议。

由于实物保护涉及专业领域较多且相关技术发展迅速，书中难免存在疏漏和不足之处，诚恳欢迎有关单位和个人在使用过程中提出宝贵意见和改进建议，以便后续修改完善。

编著者

2023 年 11 月

目　录
CONTENTS

PART ONE
第 1 章

绪　论

1.1　背　景

核材料具有放射性，一旦发生核材料丢失、被盗、非法使用（如制造脏弹）或蓄意破坏事件，将可能影响环境和人类的安全，并将引起全球范围的关注。随着核能与核技术的广泛应用，核材料和放射性物质的绝对数量逐年增加，核材料和核设施面临的安全风险呈上升趋势。全球物流的高速增长和互联网的日益普及，也增大了阻止核走私及防范核技术扩散的难度。根据国际原子能机构（International Atomic Energy Agency，IAEA）的统计，从 1993 年到 2022 年，全球共发生经确认的核材料或其他放射性物质被盗、丢失或未经授权持有等事件多达 4075 余起，其中 14% 涉及核材料、59% 涉及其他放射性物质，27% 涉及放射性污染和其他材料。

核恐怖主义是指以核工业生产设施为袭击目标或以核技术与产品为主要工具、为实现一定政治目的而有意制造核恐怖的一种犯罪行为。核恐怖活动主要包括脏弹袭击、袭击核设施、核武器发动攻击等，其具有很大的潜在危害。2011 年福岛核事故发生后，核电厂的建设步伐虽然有短期的减缓，但整体上仍在稳步推进，且关停核电厂的乏燃料组件仍需在电站中冷却很长时间后才能运输、处置，针对在运或暂停核设施的核恐怖活动一旦发生，可能产生严重的放射性危害，不仅会对人员、环境和财产带来巨大的损害，还会对公众心理产生巨大影响，危及社会稳定乃至国家安全。

为了防止核材料和其他放射性物质的被盗和非法转移活动，早在 1975年，IAEA 出版了《关于核材料实物保护的建议》（INFCIRC/225 号），以指导各成员国建立本国核材料核设施实物保护体系。之后，随着实物保护技术的不断完善、威胁形势的发展变化，IAEA 在 1977 年、1989 年、1993 年、1998年和 2012 年分别对 INFCIRC/225 号文件进行了修订，其中 1998 年第四次修订版的变化较大，新增了涉及防止蓄意破坏核设施和核材料的具体建议，并将名称修改为《核材料和核设施实物保护》。2012 年，该文件被列入 IAEA《核安保丛书》，名称修改为《核材料和核设施实物保护的核安保建议》（INFCIRC/225/Rev.5），该文件提供了防止以制造核爆炸装置为目的进行擅自转移和防止蓄意破坏行为的实物保护建议。

实物保护作为防止擅自转移核材料和蓄意破坏核材料核设施的重要措施，长期以来一直是国际社会关切和合作的事项。自 20 世纪 80 年代以来，我国先后缔结了《核材料实物保护公约》及其修订案和《制止核恐怖主义行为国际公约》，加入了 IAEA 非法贩卖核材料及放射性物质数据库报告。同时，作为联合国常任理事国，我国积极支持联合国安理会通过的 1540 号、1887号等各项核安保相关决议。

随着商用核电厂建设速度的加快，我国核设施的数量不断增加。据统计，截至 2023 年 8 月，我国大陆地区在运行、在建、待建的核电机组已达 81 台，其中在运行机组 54 台。这些核电厂主要分布在东部沿海地区，涉及这些反应堆的任何核安保事件后果将极其严重。近年来国内外威胁形势发展迅速，传统威胁与新威胁交织出现，在核材料和核设施所面临的外部风险加大的同时，我国也高度重视核安保问题，采取了一系列全面而有力的措施，包括加强核材料核设施的保护和监管，不断完善实物保护法规标准体系，加强核材料管制工作，建立应急机制，加强国际合作，并根据安全形势的发展变化不断调整、改进。为保证核材料的安全与合法利用，防止被盗、破坏、丢失、非法转让和非法使用，国务院及相关主管部门制定并发布了《中华人民共和国核材料管制条例》及其实施细则、《核电站安全保卫规定》，以及一系列实物保护导则、标准等，从法规层面要求核材料许可证持有单位必须做好核材料和核设施实物保护工作，同时也为做好实物保护工作提供了技术指导。

1.2 基本概念

1.2.1 实物保护

实物保护是为防止或阻止个人及团伙抢劫、盗窃、非法转移核材料，或破坏核设施、核材料所采取的方法和措施。实物保护是一个综合性的系统，包括潜在威胁与保护对象分析等基础技术，警卫守护、突发事件处置、制度规程等人防和管理措施，以及实体防护、入侵探测与视频复核监视、出入口控制、反应通信等技防措施。实物保护具有以下几个特点：

（1）实物保护具有明确的保护对象。

实物保护的主要目的是防止核材料的非法转移，以及防止核材料和核设施遭到蓄意破坏，其保护对象是某些特定的核材料或核设施。

（2）实物保护具有明确的防范对象。

防范对象是指需要防范的、对保护对象构成威胁的对象。"核"的社会敏感性决定了实物保护的保护对象对敌手具有强大的吸引力，因此实物保护系统要防范的对象是具有一定作案动机、具备专业知识与技能、具有工具与装备、企图擅自转移核材料或对核材料和设施进行破坏的内部和（或）外部敌手。

（3）实物保护应能及时发现和阻止非法行为。

探测、延迟、反应是实物保护的三个基本要素，三者相协调，实物保护系统才是有效的。敌手入侵时要能够被及时探测到，通过延迟装置或措施延缓敌手入侵的进度，并通知、布置反应力量对入侵者进行阻击，在敌手达到目的前中止其非法入侵行为。

实物保护包括固定场所实物保护和运输实物保护，本书仅针对固定场所核设施的实物保护。

1.2.2 与实物保护相关的概念

国际社会涉及核材料核设施安全的术语包括核安全（nuclear safety）、核安保（nuclear security）和核保障（nuclear safeguard）。也就是国际社会通用的"3S"框架，三个术语从不同的方面确保了核领域的安全保障工作，其中核安全重点是防范人为、自然灾害等引起的非故意性安全事件或事故，核安保重点是应对非法入侵人员可能实施的偷窃、非法转移核材料或者对核材料核设施实施的放射性破坏，核保障主要用于保障各成员国将核材料用于和平目的。我国涉及核材料核设施安全的术语除上述三个以外，还包括核材料管制。

1. 核安全（nuclear safety）

核安全是指对核设施、核活动、核材料和放射性物质采取必要和充分的监控、保护、预防和缓解等安全措施，防止由于任何技术原因、人为原因或自然灾害造成的事故发生，并最大限度地减少事故情况下的放射性后果，从而保护工作人员、公众和环境免受不当的辐射危害。核安全关注的是由于人的疏忽、无意的失误、设备故障等非人为恶意引发的事件。

核安全包括所有为保证设施安全运行的一系列技术和组织上的综合措施。为确保设施的正常运行，预防事故发生或限制可能的事故后果，在核设施选址、设计、建造、运行和退役等各个阶段，要考虑各种灾害因素，采取多重防泄漏设计，采用更具安全性的技术，制定完善的操作流程，规范和严格核设施、核材料、核活动和放射性物质安全监管和质量保证，开展安全文化培育和建设等。

2. 核安保（nuclear security）

核安保是指防止、侦查和应对涉及核材料和其他放射性物质或相关设施的偷窃、蓄意破坏、未经授权的接触、非法转让或其他恶意行为。因此，核安保的核心要义是加强核材料的管控，防止核材料失窃，防范恐怖分子制造核恐怖活动等。其保护对象包括核材料、核设施、其他放射性物质及相关设施，以及涉及生产、使用、储存及运输中的核材料或其他放射性物质的相关活动。防范的行为包括偷窃、破坏、未经授权的接触、非法转让或其他恶意行为。

核安保的作用就是通过建立、健全国家核安保法规体系，设立负责核材料与核设施安全的管理机构，采取实物保护、核材料衡算与控制等防范与应对措施，对核材料的生产、储存、使用、运输等活动实施监管，防止和处理针对核材料、其他放射性物质或相关设施的偷窃、蓄意破坏、未经授权的获取、非法转让等恶意行为，以及防范恐怖分子获取核材料、破坏核设施等以保证公众的健康和安全。

核安保体系是由一系列相关的元素和活动组成的，包括组织管理、法律规章、威胁评估、反应能力、技术措施、信息收集及管理等。核安保技术措施主要包括实物保护、核材料衡算与控制、核法证学支持等。实物保护是采用人力防范、实体防范和技术防范相结合的方法"看住"核材料，防止核材料丢失或被破坏。核材料衡算通过核材料进出量的严格控制、定期盘存和衡算，及时"发觉"核材料的丢失。核材料控制是指通过控制和监视措施防止核材料丢失，或者当核材料丢失时可以及时探测到，主要包含对核材料维持警戒，控制核材料的移动、位置和使用，监测存量和过程状态等，赋予和行使核材料的管理职责。

3. 核保障（nuclear safeguard）

核保障也称为国际核保障，就是 IAEA 与一个或多个成员国缔结的关于该国或多个成员国承诺不利用某些物项推进任何军事目的和授权 IAEA 监督履行这种承诺的协定，在保障协定的约束下，成员国应保障其核材料用于和平的目的。

核保障措施是通过核材料的计量、衡算、监视、视察、记录、报告等保障措施遏制和侦查核材料的转用情况，确保核材料不用于发展核武器或任何爆炸装置。

4. 核材料管制

核材料管制是我国专用的术语，早期也称为国内核保障，是指对非法持有、使用或破坏核材料进行预防、探知、延迟和反应，运用实物保护、核材料衡算和核材料控制措施对核材料进行管理和控制的综合系统。核材料管制的目的是加强核材料的管理，确保核材料的安全和合法利用，防止被盗、破坏、丢失、非法转让和非法使用，保护国家和人民群众的安全。我国在核材料管制方面，对核材料实行许可证制度，规定非法制造、买卖、运输放射性物质属于犯罪行为，生产、使用、贮存和处置核材料的场所采取建立安全保卫制度和安全防范措施，严防盗窃、破坏、火灾等事故发生，建立了核材料衡算和分析测量系统，实行核材料管制视察制度，开展核材料安全监督检查等。

核材料管制所采取的主要措施包括实物保护、核材料衡算和核材料控制。核材料管制和核安保所采取的措施基本一致，均包括实物保护、核材料衡算与控制。从保护对象、目的和措施来看，核安保的范围比核材料管制大，核材料管制主要是防止核材料的被盗和破坏，核安保还包括放射源及其他放射性物质的破坏和非法转让以及核恐怖主义活动。

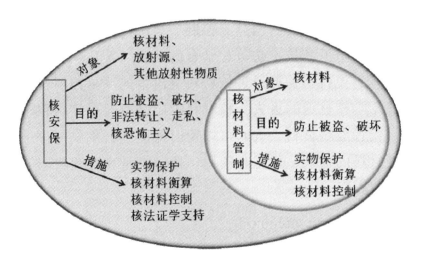

图 1-2-1　核安保、核材料管制与实物保护的关系

5. 实物保护与上述术语的关系

站在国际社会角度，实物保护属于核安保系列的一部分，主要用于应对非法人员的恶意行为，以确保核材料核设施的安全，在我国实物保护同时属于核材料管制系列。总体上，实物保护是核安保和核材料管制的主要措施之一，核材料管制是核安保在我国的本土化概念。

1.3　我国实物保护发展历程

我国实物保护技术发展大致经历了三个阶段：在 2006 年以前，国内实物保护处于摸索阶段，国内专门从事实物保护研究设计的单位较少，主要借鉴国外的设计经验，开展了大量的技术研究，积累了一定的经验；2006—2015年期间，实物保护处于快速发展阶段，各种标准规范逐步建立，实物保护系统设计有据可依，因此建立了一批核设施的实物保护系统并投入运行；2015年之后，实物保护的发展迈入了新阶段，随着各种新技术和新威胁的出现，实物保护开始向多维度防护方向发展，对面临威胁的分类也更加细化。

1. 摸索阶段

国际社会实物保护技术起步于 20 世纪六七十年代，我国相对起步较晚。1987 年 6 月 15 日，国务院发布了《中华人民共和国核材料管制条例》；1990年 9 月 25 日，由国家核安全局、原能源部和国防科工委联合发布了《中华人民共和国核材料管制条例实施细则》，管制条例及其实施细则的发布对我国核行业相关单位开展实物保护工作及保障核材料的安全发挥了重要的推动作用。但是当时国内实物保护标准规范的数量有限，缺乏一些具体的技术要求，因此早期核电厂等核设施的实物保护系统建设、运行管理主要通过借鉴、总结、摸索等途径解决。同时，在这期间我国陆续开展了一些实物保护基础技术研究，如保护目标分析技术、设计基准威胁界定技术研究等，并同步推进了一些技术标准制定工作，为实物保护系统建设、运行管理工作提供了基本的技术保障。

2. 快速发展阶段

"9·11"恐怖袭击事件以后，国内外安全形势严峻，同时也对实物保护提出了更新更高的要求。在有关规定条例的指导和要求下，我国实物保护技术迈入了快速发展阶段，在2006—2008年期间发布了部分实物保护导则与技术标准，比如《核设施实物保护》（试行）、《核设施出入口控制》等。随着新标准的发布实施，国内很多核设施也依据标准建立了完整的实物保护系统并逐步投入运行。在这期间，我国也全面开展了实物保护技术研究工作，深化完善了实物保护分级分区、设计基准威胁界定、保护对象分析等基础技术研究，并系统化地开展了入侵探测、出入控制等关键系统设备研制，实物保护系统有效性评估、实物保护系统可靠性评估、核材料管制视察等专项技术研究工作，形成了比较完善的实物保护技术体系，经过一系列技术研究、装备研制、工程建设与运行管理等工作的开展，我国在实物保护技术方面更加成熟，体系更加完善。

3. 全面发展阶段

随着科技的不断进步和新技术的发展，核材料核设施不仅面临传统威胁，还面临低空、水域、网络安全等新型威胁，这对实物保护系统的威胁防范能力提出了新的要求。同时，随着信息化、智能化技术的快速发展以及在各行业的广泛应用，核材料核设施实物保护系统对新技术的应用与采纳工作也面临着新的挑战。在新技术、新威胁双重推动下，我国的实物保护工作也进入了全新的时期，为了适应新技术的发展、应对新威胁，实物保护系统也在不断探索与新技术的融合发展，如智能化综合管控、高清与智能化视频监控、视频云存储等。同时，在技术体系逐步完善的前提下，2015年之后，我国大力推进实物保护技术标准的制定工作，陆续发布了《核材料与核设施实物保护集成管理系统技术要求》《核材料与核设施实物保护视频监控系统技术要求》等一系列标准，从总体性技术要求、单项系统设备要求等多层次为实物保护系统的设计、建设、运行管理等工作提供具体的指导。至此，我国实物保护技术领域开启了全新的发展阶段。

1.4 实物保护系统的功能

实物保护系统是由探测、延迟、反应三部分组成的，防止或阻止个人或集团抢劫、盗窃、非法转移核材料，或破坏核设施、核材料所采用的综合安全防范系统。

探测、延迟和反应是实物保护系统三要素。探测是指对潜在的恶意行为或其他未经授权的行为的检测、报警及报警复核的全过程，只有在有效探测到敌手的入侵行动后，才能通知反应力量去制止入侵行为。延迟是在敌手进攻的路线上设置各种障碍，用来增加敌手完成入侵行动的时间。延迟是为了给人员准备与反应提供足够多的时间。反应是指由反应力量采取的拦截和阻止敌手擅自转移核材料或蓄意破坏核设施或核活动等恶意行为的行动，从而阻止敌手的入侵行动完成。

1.4.1 探 测

探测是判定已经发生或正在发生的未经批准的行动，包括对潜在恶意行为或其他未经授权的行为的检测、报警及报警复核的全过程，探测措施主要包括入侵报警、视频监控、出入口控制等。

1. 入侵报警

入侵报警包括入侵探测和报警，目的是尽早、及时地探知入侵者的非法行为，并为系统准确定位入侵地点，使保卫控制中心值班人员快速得知非法入侵报警，为阻止入侵行为争取更多的反应时间。入侵探测可以分为周界入侵探测和场所入侵探测。周界入侵探测设置在保护目标外围（如周界、出入口等），场所入侵探测通常设置在核材料贮存场所或核设施重要部位。

2. 视频监控

视频监控主要用于入侵探测的视频复核，当接收到报警信息时，值班人员可以通过调用前端监控视频快速了解现场实时状况，确认是入侵报警、噪扰报警还是误报警，以便采取有效的措施。同时，视频监控可以对报警或其他突发事件处置过程进行视频记录和存储，便于确定报警起因、入侵过程，如闯入对象、闯入时间等，同时可为后续查询和案件分析提供判断依据。

3. 出入口控制

出入口控制借助人员识别、车辆识别和违禁品探测等技术，来识别和允许授权的人员、车辆和物品进出受保卫区域，拒绝未被授权的人员、车辆和物品进出受保卫区域。出入口控制通常用于核设施周界和重要部位的出入口，要求能满足上下班高峰时的通行需求，对人员、车辆和物品进出进行检查。

4. 其他

除了以上措施，也可以通过固定哨位、警卫巡更、保卫值班或工作人员发现入侵行为。

1.4.2　延　迟

延迟是通过天然的或人造的障碍物、技术装置及保卫措施，延缓敌手入侵的进度，阻止敌手接触被保护目标或完成恶意行动。有效的实物保护系统不仅应当能探测到敌手的恶意行为，还应当能够截获并制止敌手，延迟措施可以延长敌手实现其作案目标的时间。延迟应该被设置在通往保护对象的各条路径上，应当保证各个路径具有差不多的延迟时间，不存在特别薄弱的路径，从而实现均衡保护。

延迟通常包括周界围栏、车辆阻碍装置、出入口通行门等周界实体屏障，重要设施建筑物屏障，以及化学烟雾、热塑泡沫等可临时配置屏障等。具有一定保护能力的保卫力量也可以起到延迟作用。

1.4.3　反　应

反应是通知、部署保卫力量以阻击敌手达到其目的的行动。反应包括截住和制止两部分。

截住是反应力量到达敌手所在位置并阻止其继续前进的过程。为了阻止敌手破坏或盗窃核材料，首先需要在敌手完成目标之前反应力量能抵达作案现场。反应力量若能在敌手完成目标之前抵达现场，则认为截住了敌手的作案行为。因此，当发现入侵行为时，要求能准确、快速地通知反应部队，反应部队快速部署，用最短的时间抵达能"截住"敌手的位置。在这个过程中，通信的快速有效、反应力量的位置、道路状况以及是否驾驶车辆都是影响截住效果的重要因素。

截住是制止的前提。若不能截住，则即便反应力量在很短的时间内抵达了现场，但敌手已经实施了破坏，或者已经盗窃成功逃之夭夭了，显然实物保护系统未能起到保护核材料的作用。但仅仅是截住，还是不够的，还需要抵达现场的反应力量能战胜敌手，或拖延敌手使其失去继续作案的能力与时间。

制止是指在敌手达到其行动目标前使其停止行动的过程。显然，持有作战武器的反应人员才能有效地制止持枪的敌手。比敌手还少的反应人员很难保证一定能制止敌手的作案。能截住敌手的反应部队在人数、武器装备、技能等方面应全方面优于敌手，才能保证一定能制止。因此，配备足够的反应人员和装备，反应人员应训练有素，持有并熟练地使用枪支等武器、装备，熟悉地形并采取恰当的战术，是有效制止敌手的重要因素。为确保在发生突发事件时，反应力量能有效地阻止敌手，需要他们熟知突发事件处置的职责、流程，并且定期开展演练。

1.4.4 三者的协同工作

探测、延迟、反应三个要素之间相互关联，缺一不可，三者关系如图 1-4-1 所示。为了更加直观地体现探测、延迟、反应三者的协同效应，在实物保护技术领域引入了"及时探测"的概念，即为了保证实物保护系统的有效性，系统需在敌手入侵行动完成前制止其行为，即需要系统的延迟时间大于探测时间与反应时间之和。而延迟时间是指在有效探测后（T_0 后）到敌手完成入侵行动所需要的时间；探测时间包括探测报警的传输和判断时间；反应时间是通知反应力量以及反应力量准备、实施并制止敌手行动的时间。

总之，实物保护系统的有效性充分体现在以下三个方面，一是尽可能早地探测到入侵行为（T_0 提前）；二是探测后尽可能快地进行有效的反应处置；三是探测后的延迟元件要提供足够的延迟时间。

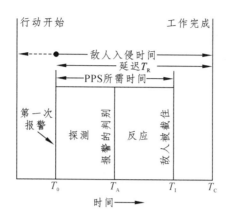

图 1-4-1　实物保护三要素及入侵时间示意图

1.5　实物保护系统设计与评估

为了确保核材料和核设施的安全，核设施必须基于设施的特点，针对潜在的内部和外部敌手的属性和特性，即设计基准威胁（Design Basis Threat，DBT），通过配置适当的探测、延迟和反应功能，建立有效的实物保护系统。

1.5.1　实物保护设计的基本原则

核材料和核设施实物保护设计的基本原则主要包括与设计基准威胁相适应、分级分区保护、纵深防御和均衡保护、系统完整有效可靠、与其他系统相容等。在新建实物保护系统的设计以及已有实物保护系统改造时，都应遵循这些基本原则。

1.5.1.1　与设计基准威胁相适应

威胁是指企图非法转移或破坏核材料的内部敌手和（或）外部敌手的动机和能力，实物保护系统的设计是基于防范风险的思维，实物保护系统是为了防止敌手实现其偷窃或破坏目的，因此，在设计中需要考虑防范对象的目的和能力。潜在敌手会有不同的作案目的，有的想偷窃或非法转移核材料，有的想破坏核材料核设施引起放射性释放，引起恐慌。针对不同的作案目的，敌手的类型和作案方式可能会有所不同，如恐怖分子、犯罪分子等外部人员，为了政治、经济、信仰等目的，可能会采取武力、暴力等方式；设施内部或维修人员，为了经济、报复等原因，可能会采取欺骗、武力、联合外部共同参与等方式。

新建、改造、升级和评估实物保护系统，必须对潜在敌手的作案目的、威胁类型、作案人数、敌手具备的能力和装备等进行明确，以设施特定的设计基准威胁作为所设计实物保护系统针对的敌情，进行针对性的设计，超出设计基准威胁的应对，可能需要设施以外的力量参与。

实物保护系统的设计应与防范对象的能力和攻击手段相适应，核设施的设计基准威胁在报呈国家主管部门确认后，方可作为设计和评估实物保护系统的依据。

1.5.1.2　分级保护和分区管理

实物保护的分级保护是指要根据保护对象的重要性程度和破坏核材料或核设施可能造成的潜在放射性后果严重程度，采取不同水平的实物保护措施。《中华人民共和国核材料管制条例实施细则》根据核材料的质量、数量及危害性程度，将核材料划分为Ⅰ级、Ⅱ级、Ⅲ级三个实物保护等级。《核设施实物保护》根据核设施在遭到破坏后可能产生的放射性释放对公众和环境的危害程度，以及核设施中核材料的类型、数量、富集度、辐射水平、物理和化学形态、核设施所处地理位置及具体情况等因素，将核设施划分为一级、二级、三级三个实物保护等级。

对于丢失后可能被转移制成核武器的重要核材料，或遭到破坏后产生大量放射性释放的核设施或核材料，设置更为严密的保护措施，反之，则设置相对简单的实物保护措施。最重要的核材料、核设施（如一级）需要设置多层保卫区域，普通核材料、核设施（如三级）仅需要设置一层保卫区域。

按照分级保护中确定的实物保护等级，核设施由外到内设置不同保护等级的保卫区域，分别为控制区、保护区、要害区，并实行分级保护和分区管理。控制区由完整的实体屏障所围绕，内有实物保护级别为三级的核材料或核设施，出入受到限制和控制。保护区处于控制区内，由完整可靠的实体屏障所围绕，周界上设有探测及报警复核装置，内有实物保护级别为二级的核材料和核设施，出入受到严格限制和控制。要害区处于保护区内，由完整可靠的实体屏障包围，周界上设有探测及报警复核装置，内有实物保护级别为一级的核材料和核设施，出入受到非常严格的限制和控制。

1.5.1.3 纵深防御和均衡保护

所谓纵深，就是层层设防，即根据被保护对象的重要性，对整个防护区域进行分区域、分层次设防。纵深防御是核安全的通用理念，也是核材料和核设施实物保护系统的设计理念，即采用多重保护策略，设置多重实体屏障，并配置多层次和不同技术类型的探测手段，使敌手要想实现其作案目标，必须突破或绕过多重障碍物或技术手段。如对于一级核设施，其从外至内依次设置控制区、保护区、要害区，同时在保卫区域内设置多层必要的技防、物防措施，敌手入侵必须层层突破各个保卫区域，这样可以提升探测到入侵行为的可能性，增加延迟时间，同时也能使敌手预感到该保护系统非常复杂，起到一定的威慑作用，使得实物保护系统更加可靠。

所谓均衡，是指同一保卫区域各部分的防护能力应基本一致，不存在明显的薄弱环节。不管敌手从哪个路径入侵，穿过屏障的最短时间是几乎相等的，而且探知穿过屏障的最小概率也是基本相同的，既没有可以利用的薄弱环节，也没有过度保护造成不必要的花费。

例如，核材料贮存库房的延迟一般包括墙、地板、顶板、门、锁等。一般情况下，对敌手来说库房的墙和门可能是最难穿透的，而锁的延迟时间就要小得多，为了达到均衡保护的目的，就必须选择高安全性能的锁，使得库房六面体最小延迟时间大致相等。

1.5.1.4 系统完整有效可靠

为了阻止敌手完成其入侵行动，首先要尽早地探测、感知和确认敌手的入侵事件真实发生，随后要尽快通知反应力量尽快到达现场进行阻止。在发现、通知、抵达现场的过程中，入侵者还会按其行动目标开展行动，因此需要设置足够多、足够可靠的周界、墙体、门窗等延迟屏障以延缓入侵者的行动，使得反应力量有足够的时间抵达现场。

实物保护系统包括各种各样的软硬件设备、运行管理人员和反应力量，其运行程序和管理流程较为复杂，很难保证系统在运行期间每个部件或环节都不失效。尤其是技术防范系统，由于系统中使用大量的电子设备，加上造成这些设备失效的原因有很多，如设备自身故障、环境不适宜、维护不到位、人为干扰或破坏等，容易造成系统探测、延迟能力下降甚至部分功能失效。因此，为了最大限度地减少部件失效的后果，需要在实物保护系统设计中采用冗余设计，制定完善的运行维护和突发事件处置预案，保证系统在某个部件失效后仍能持续、有效运行。

在设计中，必须考虑探测、延迟、反应三者相协调，完善实物保护各类设备的功能，做到人防和技防措施的有机结合，最大限度减少部件失效产生的影响。同时，实物保护系统的安全可靠、满足安全需求是第一位的，当选用先进技术和智能化设备时，应充分考虑其自身存在安全风险及其可能给实物保护系统带来的次生安全隐患，并采取措施加以避免。

1.5.1.5 与其他系统相容

实物保护的目的之一就是防止敌手接近使用中或储存中的核材料，所设计的实物保护系统要尽最大可能来保护存放核材料的区域，因此要求接触核材料的人员保持在最小限度。但是同时，也需要与设施的运行规程相适应，满足设施的正常运行需要。

为保证较少接触，实物保护要求尽量减少进出安全区的通道数量，提高人员进出受保护区域的难度。但是在火灾或核事故发生时，核设施的某些区域要严格限制甚至不允许进出，某些区域则要求快速、便捷地进出，以便快速控制事故状态。因此在设计时，必须对实物保护、设施运行、辐射防护和消防加以综合考虑。

1.5.2 实物保护设计流程

经过多年的发展，核材料和核设施实物保护系统设计已拥有一套成熟的设计理念和流程。实物保护系统（Physical Protection System，PPS）的完整设计流程主要包括目标确定、系统设计、系统分析评估三个步骤。实物保护系统设计首先应当收集关于核设施的信息，包括核设施的运行状况、持有核材料的特点、设施面临的威胁等资料，确定保护对象、界定设计基准威胁。接下来根据确定的保护目标，将实物保护探测、延迟、反应三要素相结合，完成实物保护系统的设计。然后再对设计方案进行定性和定量评估，以评估系统的完整性、有效性、可靠性是否能够达到设计目标。如果在评估过程中发现实物保护系统存在薄弱环节，则需要对设计进行改进并重新评估。实物保护系统设计流程如图 1-5-1 所示。

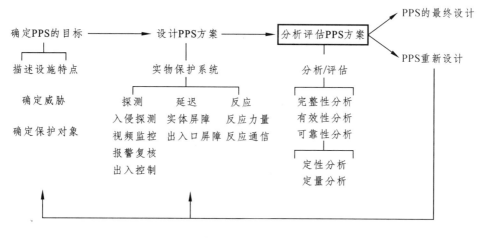

图 1-5-1　实物保护系统设计流程

1.5.2.1　确定目标

确定目标是实物保护系统设计的第一个步骤。

在进行实物保护工程设计前，要了解和调查与保护对象、实物保护设计有关的各方面情况，进行全面的现场勘察并详细记录勘察情况。设计者须对核设施进行详细的分析与描述，包括设施的性质、厂区边界、建筑物的位置、存放核材料的种类与数量、设施内部工艺流程、已有的实物保护措施等。保护对象的确定见本书第 4 章"实物保护分级与保护对象分析"。

同时，必须对设施面临的威胁进行界定，包括敌手的类型与数量、使用的战术、作案动机、作案工具武器、具备的知识和能力等。设施单位应搜集、整理、分析归纳相关威胁信息，形成设计基准威胁资料。设计基准威胁描述设施面临的潜在敌手的属性和特征，是实物保护系统设计的重要设计输入。设计基准威胁界定方法详见第 3 章"设计基准威胁"。

1.5.2.2　实物保护系统设计

实物保护系统设计应将探测、延迟、反应三个要素有效地结合，根据确定的保护目标合理划分保卫区域，并采取合适的技防、人防、物防措施，以保证反应力量在入侵者完成破坏核设施或者盗取核材料之前成功阻止其行为。完整的实物保护系统设计应当包括以下内容。

1. 实物保护区域划分和实体屏障

应当明确核材料和核设施实物保护等级，依据标准要求进行实物保护区域划分。

按照核设施实物保护等级，由外到内依次设置不同保护等级的保卫区域，分别为控制区、保护区和要害区，实行分级保护和分区管理。各保卫区域间的边界不能重叠或交叉。

根据实物保护分区方案，确定各保卫区域的周界范围以及采用的实体屏障形式。固定场所实体屏障应完整、可靠，能够拒绝、阻止人员或车辆非法进入，并提供入侵延迟和出入控制。

实物保护区域划分及实体屏障详见第 5 章"实物保护分区与实体屏障"。

2. 入侵报警系统

入侵报警系统是感知敌手入侵的主要手段，一般由各种各样的入侵探测器及其指示控制设备组成。根据地形、气候条件、装设部位和探测多样性的要求等，确定各保卫区域周界、场所采用的入侵探测系统的类型、防区的设置方案，并在穿越保卫区域的涵洞、水渠、沟槽、低洼地或者管道等处设置入侵探测措施，确保探测措施能有效覆盖被保护区域。对保卫区域进行入侵探测，报警信号接入保卫控制中心或保卫值班室（后文均称为保卫控制中心），当发生非法入侵时，能准确、及时地向保卫控制中心或保卫值班室发送报警信号。入侵报警系统的功能、类型、设计要求等具体见第 6 章"入侵报警系统设计"。

3. 视频监控系统

当入侵报警系统报警后，考虑到有可能是设备故障，也有可能是天气、动物等原因触发的报警，需要尽快核实现场情况，一般通过视频进行复核。此外，视频监控系统还承担对重要通道、部位进行不间断视频监视，以及核安保事件发生后的事后追溯查询。因此，需要在设置入侵探测措施的场所设置视频监控措施，或者对需要实时监视的部位设置监控摄像头进行不间断、全覆盖地监视。视频监控信号应接入保卫控制中心，并设置视频存储设备，当有入侵行为发生时可以查看现场实时监控画面以及报警前后的录像视频。视频监控系统功能、类型、设计要求等具体见第 7 章"视频监控系统设计"。

4. 出入口控制系统

实物保护系统既要能防止恶意入侵的人员、车辆进出，同时也需要保障核设施的工作人员和车辆正常出入。出入口控制系统就是识别人员、车辆授权，探测违禁物品，允许有授权的人员、车辆和物品进出，拒绝无授权的人员、车辆和物品进出的系统。根据出入口的设置及所在保护区域，确定需要设置的出入口执行机构、识别设备、违禁品检查设备等。出入口控制系统功能、出入口识别设备、执行机构、违禁品检查设备类型、设计等具体见第 8 章"出入口控制系统设计"。

5. 通信与巡更系统

当确认有真实入侵事件发生时，需要尽快通知反应力量到指定的位置进行处置，同时，现场随时会发生变化，也需要及时通知现场的变化情况，这就需要通信措施。应为核设施值守人员与反应部队设置专用的无线和有线通信手段，确保入侵行为发生时值守人员、反应部队能与保卫控制中心随时保持联络，并支持其指挥调度。

巡更可以及时发现实物保护系统在运行中的问题，发现各类潜在隐患并及时处理，应结合设施运行规程设置巡更系统，明确巡更路线、巡更方式、巡更时间等，当巡更发现异常情况时应能发出报警信号。

通信系统设计、巡更系统设计等具体见第 9 章"通信和巡更系统设计"。

6. 辅助系统

辅助系统包括为保障技术防范系统正常运行所需的照明、供电、防雷接地等措施。照明能在自然光照度不足的情况下，为视频监控系统正常工作和人员巡逻检查提供所需的照度；供电为实物保护系统所有电气设备提供安全、可靠的电力供应；防雷与接地能够防止雷电对电气设备和人身安全造成的破坏和损伤。

照明系统、供电系统、防雷与接地设计等具体见第 10 章"辅助系统设计"。

7. 保卫控制中心和集成管理系统

保卫控制中心是整个实物保护系统的"大脑"所在，所有实物保护系统的探测、视频、出入控制信息都会在此处集中显示、管理。值班人员在其内部观察、核实现场情况后，通过通信系统通知、指挥反应人员进行处置。应根据核材料和核设施实物保护等级建立保卫控制中心或保卫值班室，保卫控制中心应六面坚固，内设监控室、设备间等，可以实现对实物保护系统内入侵探测系统、出入口控制系统、视频监控系统等技防系统实施连续监控，具备指挥、调度、监控、管理等多种功能。

实物保护系统应采用专用网络，根据实物保护系统规模和管理要求可设置集成管理系统，对实物保护系统进行集成管理与控制，实现各个系统之间的数据交互和统一管理。

保卫控制中心设计、集成管理系统、网络安全等具体见第 11 章"保卫控制中心设计"。

8. 反应和人力防范

反应是指通知、部署和指挥反应力量以阻击敌手在达到目的之前并加以中止的一系列措施。反应过程包括截住和制止两个阶段，通过突发事件处置预案制定、演习演练，以及保卫人员、反应部队等人防力量，可以提高反应能力。

反应力量配备与部署、突发事件处置预案定制、人防措施等具体见第 12 章"反应与人防措施"。

1.5.2.3　实物保护设计评估与改进

实物保护系统设计评估包括定性评估和定量评估，对系统达到其预期设计目标的能力进行分析和评估。定性评估是在保护目标、实物保护等级、设计基准威胁、反应力量、实物保护系统组成等已知的情况下，依据相关标准，采用现场视察、抽样检查、试验、演习等方法对实物保护系统的有效性进行的评估。定量评估是在保护目标、实物保护等级、偷窃或破坏核材料的后果因子、设计基准威胁、反应力量、实物保护系统参数已知的情况下，利用科学的分析评估方法计算出反映实物保护系统效果的有效性指标、可靠性指标，以及核材料、核设施的风险值。

针对评估结果，找出不足之处，提出进一步改进的措施，修改实物保护方案设计。对修改后的实物保护系统还要进行再分析评估，该过程一直持续到评估结果表明实物保护系统能实现保护的目的为止。系统评估具体见第 13 章"实物保护系统评估"。

1.6　本章小结

本章主要介绍了实物保护的发展背景和国内实物保护发展历程，介绍了实物保护的基本概念和功能，以及实物保护系统设计中需要遵循的基本原则和设计流程。这些内容有助于实物保护系统设计人员明确其必备的常识，掌握必须遵循的设计原则，建立系统的设计理念。

PART TWO

第 2 章

实物保护法规标准

法规标准是法制社会建设的行为准则，是行业发展的技术基础。在核材料和核设施实物保护系统的设计、建设、运行、维护等各个环节中，采用标准和推行标准化管理是规范、强化和落实实物保护措施的有力手段。法规标准是实物保护系统设计的重要依据，设计者应该充分了解、掌握实物保护相关标准，规范和指导实物保护设计工作。

2.1 我国实物保护法规标准现状

2.1.1 实物保护法规标准体系

我国从 20 世纪 80 年代中期开始实物保护相关法规标准体系建设，目前已初步形成了由国家法律、行政法规、部门规章、规范标准等组成的多层次的较为完整的实物保护法规标准体系，如图 2-1-1 所示。

图 2-1-1 实物保护法规标准体系

法律是法规体系的最高层，起决定性作用，是由全国人民代表大会及其常务委员会制定的。目前，实物保护相关的国家法律主要有《中华人民共和国国家安全法》《中华人民共和国反恐怖主义法》《中华人民共和国核安全法》。

　　行政法规是国家法律在某一方面的细化，是由国务院根据法律制定并颁布的规范性文件。在实物保护方面，属于行政法规的主要有《中华人民共和国核材料管制条例》，由国务院于1987年6月15日发布施行。

　　部门规章是由国务院所属的部、委、局依据法律和行政法规制定的规定、办法、实施细则、规则等规范性文件。核行业相关的部门规章主要是由国防科工局、国家核安全局、国家能源局、国家原子能机构、公安部等部委发布的相关规范性文件。1990年9月25日，国家核安全局、原能源部、原国防科工委根据《中华人民共和国核材料管制条例》联合发布了《中华人民共和国核材料管制条例实施细则》。

　　标准是科学、技术和经验的总结，是为各种活动或其结果提供规则、指南或要求，供共同使用和重复使用的文件。我国标准按约束力分类可分为强制性标准、推荐性标准（标准代号后有/T）、指导性技术文件（标准代号后有/Z），按标准适用范围可分为国家标准、行业标准、地方标准、企业标准。国家标准（GB）在全国范围内适用，通常由国务院标准化行政主管部门制定和发布。行业标准由国务院有关行政主管部门制定和发布，与实物保护设计相关的行业标准主要有核行业标准（EJ）、能源行业标准（NB）、公共安全行业标准（GA）。地方标准（DB）由省、自治区和直辖市标准化行政主管部门制定和发布，企业标准（QB）则由企业自行制定和发布。

2.1.2　实物保护主要法规标准介绍

2.1.2.1　法律

1.《中华人民共和国国家安全法》

《中华人民共和国国家安全法》（简称《国家安全法》）由第十二届全国人民代表大会常务委员会第十五次会议通过，于2015年7月1日发布并施行。《国家安全法》对政治安全、国土安全、军事安全、文化安全、科技安全等11个领域的国家安全任务进行了明确，共7章84条。其中，第三十一条规定，"国家坚持和平利用核能和核技术，加强国际合作，防止核扩散，完善防扩散机制，加强对核设施、核材料、核活动和核废料处置的安全管理、监管和保护，加强核事故应急体系和应急能力建设，防止、控制和消除核事故对公民生命健康和生态环境的危害，不断增强有效应对和防范核威胁、核攻击的能力。"

2.《中华人民共和国反恐怖主义法》

《中华人民共和国反恐怖主义法》(简称《反恐法》)由第十二届全国人民代表大会常务委员会第十八次会议通过，于2015年12月27日发布，2016年1月1日起施行。其中，第三章第二十二条规定，"生产和进口单位应当依照规定对枪支等武器、弹药、管制器具、危险化学品、民用爆炸物品、核与放射物品做出电子追踪标识，对民用爆炸物品添加安检示踪标识物。运输单位应当依照规定对运营中的危险化学品、民用爆炸物品、核与放射物品的运输工具通过定位系统实行监控。"第二十三条规定，"发生枪支等武器、弹药、危险化学品、民用爆炸物品、核与放射物品、传染病病原体等物质被盗、被抢、丢失或者其他流失的情形，案发单位应当立即采取必要的控制措施，并立即向公安机关报告，同时依照规定向有关主管部门报告。公安机关接到报告后，应当及时开展调查。有关主管部门应当配合公安机关开展工作。"

3.《中华人民共和国核安全法》

《中华人民共和国核安全法》(简称《核安全法》)由第十二届全国人民代表大会常务委员会第二十九次会议通过，于2017年9月1日发布，自2018年1月1日起施行。《核安全法》从法律层面提出对核设施、核材料及相关放射性废物采取充分的预防、保护、缓解和监管等安全措施，防止由于技术原因、人为原因或者自然灾害造成核事故，最大限度减轻核事故情况下的放射性后果的活动。其中，第十二条规定，"国家加强对核设施、核材料的安全保卫工作。核设施营运单位应当建立和完善安全保卫制度，采取安全保卫措施，防范对核设施、核材料的破坏、损害和盗窃。"第三十八条规定，"核设施营运单位和其他有关单位持有核材料，应当按照规定的条件依法取得许可，防止核材料被盗、破坏、丢失、非法转让和使用，保障核材料的安全与合法利用"，其中明确规定要建立与核材料保护等级相适应的实物保护系统。

2.1.2.2　行政法规

《中华人民共和国核材料管制条例》(简称《管制条例》)由国务院 1987

年 6 月 15 日发布施行。该条例是我国开展实物保护工作的基本依据，它对核材料与核设施的实物保护做出了原则性的要求。《管制条例》是为保证核材料的安全与合法利用，防止被盗、破坏、丢失、非法转让和非法使用，保护国家和人民群众的安全，促进核能事业的发展而制定的，规定了我国受管制核材料的种类、监督管理职责、核材料管制办法、许可证持有单位及其上级领导部门的责任等。

《管制条例》第十二条规定，"许可证持有单位应当在当地公安部门的指导下，对生产、使用、贮存和处置核材料的场所，建立严格的安全保卫制度，采用可靠的安全防范措施，严防盗窃、破坏、火灾等事故的发生"。第十三条规定，"运输核材料必须遵守国家的有关规定，核材料托运单位负责与有关部门制定运输保卫方案，落实保卫措施。运输部门、公安部门和其他有关部门要密切配合，确保核材料运输途中安全"。第十五条规定，"发现核材料被盗、破坏、丢失、非法转让和非法使用的事件，当事单位必须立即追查原因、追回核材料，并迅速报告其上级领导部门、核工业部、国防科学技术工业委员会和国家核安全局。对核材料被盗、破坏、丢失等事件，必须迅速报告当地公安机关"。

2.1.2.3 部门规章

1.《中华人民共和国核材料管制条例实施细则》

1990 年 9 月 25 日，国家核安全局、原能源部、原国防科工委根据《管制条例》联合发布了《中华人民共和国核材料管制条例实施细则》（简称《实施细则》），自发布之日实施。该实施细则规定了核材料许可证的申请、审查、核准、颁发和核材料的账务衡算管理及实物保护，提出了实物保护工作的具体要求。

《实施细则》第二十五条提出了根据核材料的质量、数量及危害性程度，划分为三个保护等级，实行分级管理。保护等级以下的核材料也应严格管理。第二十六条至第二十九条对固定场所核材料保护的基本要求、警卫和守护、实体屏障、技术防范设施提出了要求。

2. 技术导则

国家核安全局发布了一系列核安全导则，其中与实物保护相关的导则为核材料管制系列（HAD501），重点用于指导核电厂实物保护系统的设计建设与运行，主要包括《核设施实物保护》《核设施周界入侵报警系统》《核设施出入口控制》《核材料运输实物保护》《核动力厂实物保护视频监控系统》。《核设施实物保护》对核设施在规划、设计、建造、改造和运行实物保护系统方面提出统一的基本要求，包括基本原则、组织机构、分级分区、固定场所实物保护和实物保护系统评估等。

国家原子能机构发布了一系列核安保导则（HABD），如《核设施出入口控制导则》《核设施实物保护系统初步设计专篇的内容与要求》《核设施网络安全实施计划》（试行）等。

2.1.2.4　标　准

根据不同设施的具体特点，实物保护设计依据的标准主要包括核行业标准（EJ）、能源行业标准（NB）、安全防范国家及行业标准（GB/GA）等不同的体系。标准为当前各类核设施的实物保护系统设计、建设、运行管理等提供了具体的技术支撑。

1. 核行业标准

核行业标准方面，经过多年的研究发展，已经基本建立了由总体性要求、专项技术要求、单体设备类要求等相关标准组成的比较完善的体系。核行业标准主要包括《核材料与核设施核安保的实物保护要求》《核材料与核设施实物保护集成管理系统技术要求》《核材料与核设施实物保护视频监控系统技术要求》等。核行业实物保护相关标准是核设施实物保护系统设计、建设、运行管理、管制视察等工作的主要依据。

《核材料与核设施核安保的实物保护要求》规定了核安保实物保护的总体原则、固定场所核材料和核设施的实物保护要求、运输中核材料的实物保护要求、核材料核设施敏感信息安保要求、实物保护突发事件响应要求，适用于核材料和核设施实物保护系统的设计、运行、维护和升级改造及相关实物保护措施制定和实施。

《核材料与核设施实物保护出入口控制系统技术要求》是系列标准，目前包括 6 个部分，涵盖了出入口控制系统的通用要求，以及出入口控制器、旋转栅门等设备的具体功能性能要求。在出入口控制系统的设计、建设和验收中，具有很强的参照和指导作用。

《核材料与核设施实物保护入侵探测报警系统技术要求》是系列标准，目前包括 6 个部分，涵盖了入侵探测报警系统的通用要求，以及微波探测器、报警控制器等设备的具体功能性能要求。

《核材料与核设施实物保护突发事件响应预案编制方法》规定了实物保护突发事件及响应预案的类型、固定核设施及核材料运输实物保护突发事件响应预案的编写总则、基本结构和内容等，适用于突发事件响应预案的编制、评估与修订。

《核材料与核设施实物保护集成管理系统技术要求》规定了实物保护集成管理系统的整体设计要求、功能设计要求、接口技术要求、技术指标和测试技术要求，适用于实物保护集成管理系统的设计、验收及运行管理。

《核材料与核设施实物保护视频监控系统技术要求》规定了视频监控系统的设计要求、功能要求、设备要求、安装要求以及安全性、可靠性等要求，适用于实物保护视频监控系统的设计和验收。

《核材料与核设施实物保护有线对讲通信系统技术要求》规定了有线对讲通信系统的设计要求、功能要求、设备要求、安装要求以及安全性、可靠性等要求，适用于实物保护有线对讲通信系统的设计和验收。

《核设施实物保护保卫控制中心技术要求》规定了核设施实物保护保卫控制中心（含“保卫值班室”）的功能、布局、设备布置、系统管理、实体屏障与技防措施、敏感信息保护与网络安保、运维等技术要求，适用于核设施实物保护保卫控制中心和保卫值班室的设计、建造、改造和运维。

核行业实物保护相关标准信息如表 2-1-1 所示。

表 2-1-1　核行业实物保护标准清单（已发布）

序号	标准编号	标准类别	标准名称	发布实施时间
1	EJ/T 1054—2018	基础类	核材料与核设施核安保的实物保护要求	2018.1.18 发布，2018.5.1 实施
2	EJ/T 20179.1—2018	专项应用类	核材料与核设施实物保护出入口控制系统技术要求　第 1 部分：通用要求	2018.1.18 发布，2018.5.1 实施

序号	标准编号	标准类别	标准名称	发布实施时间
3	EJ/T 20179.2—2018	产品类	核材料与核设施实物保护出入口控制系统技术要求 第2部分：出入口控制器	2018.1.18发布，2018.5.1实施
4	EJ/T 20179.3—2018	产品类	核材料与核设施实物保护出入口控制系统技术要求 第3部分：旋转栅门	2018.1.18发布，2018.5.1实施
5	EJ/T 20179.4—2018	产品类	核材料与核设施实物保护出入口控制系统技术要求 第4部分：车辆出入控制机构 电动车辆门	2018.1.18发布，2018.5.1实施
6	EJ/T 20179.5—2018	产品类	核材料与核设施实物保护出入口控制系统技术要求 第5部分：车辆出入控制机构 抗机动车辆撞击装置	2018.1.18发布，2018.5.1实施
7	EJ/T 20179.6—2018	产品类	核材料与核设施实物保护出入口控制系统技术要求 第6部分：数字辐射成像车辆检查系统	2018.12.28发布，2019.3.1实施
8	EJ/T 20180.1—2018	专项应用类	核材料与核设施实物保护入侵探测报警系统技术要求 第1部分：通用要求	2018.1.18发布，2018.5.1实施
9	EJ/T 20180.2—2018	产品类	核材料与核设施实物保护入侵探测报警系统技术要求 第2部分：收发分置式微波入侵探测器	2018.1.18发布，2018.5.1实施
10	EJ/T 20180.5—2018	产品类	核材料与核设施实物保护入侵探测报警系统技术要求 第5部分：张力线探测器	2021.12.27发布，2022.3.1实施
11	EJ/T 20180.6—2018	产品类	核材料与核设施实物保护入侵探测报警系统技术要求 第6部分：报警控制器	2021.12.27发布，2022.3.1实施
12	EJ/T 20198—2018	专项应用类	核材料与核设施实物保护突发事件响应预案编制方法	2018.1.18发布，2018.5.1实施

序号	标准编号	标准类别	标准名称	发布实施时间
13	EJ/T 20198—2018	专项应用类	核材料与核设施实物保护突发事件响应预案编制方法	2018.1.18 发布，2018.5.1 实施
14	EJ/T 20199—2018	专项应用类	核材料与核设施实物保护集成管理系统技术要求	2018.1.18 发布，2018.5.1 实施
15	EJ/T 20200—2018	专项应用类	核材料与核设施实物保护视频监控系统技术要求	2018.1.18 发布，018.5.1 实施
16	EJ/T 20201—2018	专项应用类	核材料与核设施实物保护有线对讲通信系统技术要求	2018.1.18 发布，2018.5.1 实施
17	EJ/T 20229—2018	专项应用类	核设施实物保护保卫控制中心技术要求	2018.1.18 发布，2018.5.1 实施

2. 能源行业标准

能源行业标准主要适用于核电厂实物保护，与实物保护相关的能源行业标准包括《核电厂实物保护系统设备准则》和《核电厂实物保护系统设计总体要求》。

《核电厂实物保护系统设备准则》规定了核电厂实物保护系统设计、测试和维护的技术准则，包括核电厂集成化安保系统、周界入侵报警系统、安保照明系统、视频监控系统、出入口控制系统等的设计原则、性能要求、设备要求与选择等。

《核电厂实物保护系统设计总体要求》规定了核电厂实物保护系统设计总体要求，包括实物保护组织机构、管理及程序，以及实体屏障、出入口控制、入侵报警和报警复核系统、安保通信系统等设计要求，适用于新建、改扩建的核电厂实物保护系统的设计。

3. 安全防范相关技术标准

虽然实物保护是核行业特有的概念，但实物保护的基本理念和主要技术与公共安全行业的安全防范是通用的，因此安全防范的一些技术标准对于实物保护系统设计有具体的指导作用。安全防范标准种类多，覆盖范围广，包括安全防范基础标准、专用通用标准、门类通用标准、产品标准等，到目前为止总计有 300 多个标准。这些标准对安全防范工程的设计、施工、检验、验收等各个环节都做了详细的规定。

《安全防范工程通用规范》是安全防范工程建设的强制性通用规范，由中华人民共和国住房和城乡建设部、国家市场监督管理总局于 2022 年 3 月 10 日联合发布，2022 年 10 月 1 日起实施。该标准对安全防范工程设计、施工、检验与验收、系统运行与维护提出了通用性的要求，全文为强制性条文。

《安全防范工程技术标准》是安全防范工程建设的基础技术标准，由中华人民共和国住房和城乡建设部、国家市场监督管理总局于 2018 年 5 月 14 日联合发布，2018 年 12 月 1 日实施。该技术标准对安全防范工程的规划、工程建设程序以及工程设计、施工、监理、检验、验收、系统运行与维护、咨询服务等提出了规范性的要求，适用于新建、改建和扩建的建（构）筑物的安全防范工程的建设以及系统运行维护。

《入侵报警系统工程设计规范》《视频安防监控系统工程设计规范》《出入口控制系统工程设计规范》是《安全防范工程技术标准》的配套标准，是安全防范系统工程建设的基础性标准，适用于以安全防范为目的的各类建筑物及其群体的入侵报警系统工程、视频安防监控系统工程、出入口控制系统工程的设计。

《电力系统治安反恐防范要求第 6 部分：核能发电企业》规定了核能发电企业治安反恐防范的重点目标和重点部位、总体防范要求、常态防范要求、非常态防范要求以及安全防范系统技术要求。《核设施单位反恐怖防范要求》和《军工单位反恐怖防范要求》分别规定了核设施单位和军工单位反恐怖防范的重点目标及防范级别、总体防范要求、常态防范要求、非常态防范要求和安全防范系统技术要求。

2.2 国外实物保护法规概况

2.2.1 国际原子能机构（IAEA）

国际原子能机构是核领域的全球性组织机构，其下属的核安保办公室主要负责统筹 IAEA 的核安保计划，对 IAEA 核安保活动的规划、实施、评价起着主导作用。IAEA 与实物保护相关的法规主要包括国际文书和核安保系列丛书。

2.2.1.1 国际文书

国际文书一般称为"硬法律",主要指为了约束缔约方承担具体义务而缔结的公约、条约或协定等。与实物保护相关的国际文书主要包括《核材料实物保护公约》《联合国安理会第 1540 号决议》《制止核恐怖行为国家公约》。

《核材料实物保护公约》规定了核材料防范、探测以及犯罪处罚的相关措施,是国际核不扩散与核安保领域的重要公约。1980 年 3 月 3 日,国际原子能机构于维也纳和纽约同时开放签署《核材料实物保护公约》(INFCIR/274/Rev.1 号文件),并于 1987 年 2 月 8 日生效,该公约是民用核材料实物保护领域中唯一的国际法文书,以促进各缔约国和平发展和利用核能为目的,并加强各国对核材料使用、储存和运输的保护,防止核材料的非法获取和使用。我国于 1989 年 1 月加入了该公约。公约修订案于 2005 年 7 月 8 日在维也纳通过,名称变更为《核材料和核设施实物保护公约》,其适用范围由核材料的国际运输扩展到核材料的安全使用、储存、运输以及核设施的安全运行,并新增了保护核材料和核设施免遭蓄意破坏的条款。

《联合国安理会第 1540 号决议》于 2004 年 4 月 28 日在安全理事会第 4956 次会议上通过,该决议为各成员国研究、建立和实施防止核扩散的具体办法提供了一个指导框架,要求各成员国应结合国家具体情况,颁布和实施相关法律,禁止研发、获取、生产、持有、转移或使用核生化武器及其辅助运载工具。决议还要求各成员国应当采取和实施有效的管理和技术措施,建立国内配套的管制措施,防止出现核生化武器及其运载工具的扩散事件。

《制止核恐怖行为国家公约》于 2005 年 4 月第 59 届联合国大会通过。该公约已成为全球范围内应对核恐怖主义威胁的一项重要的有法律约束力的多边文件,首次界定了核恐怖犯罪行为,建立了打击核恐怖主义的国际法律框架,为各成员国预防和惩治核恐怖犯罪行为确定了法律依据。2010 年 8 月,第十一届全国人大常委会第十六次会议上决定有条件地批准通过了该公约。

2.2.1.2 核安保系列丛书

IAEA 核安保系列丛书包括核安保法则(Fundamentals)、建议(Recommendations)、实施导则(Implementing Guides)、技术导则(Technical guidance)。这些丛书为各国提供了一些可以就政策事项选用的建议,是对国际文书中特定内容在某些方面的细化和补充。内容涉及对核材料及其他放射性物质的盗窃、擅自接触和非法转移、蓄意破坏以及核设施蓄意破坏行为，进行预防、探测和反应等相关的核安保问题。IAEA 核安保系列丛书中，与实物保护相关的文件主要包括《核材料和核设施实物保护的核安保建议》《内部威胁的预防和保护措施》《设计基准威胁的制定、利用和维护》《运输中的核材料安保》《识别核设施中的重要区域》《核设施的计算机安全》等。

其中，IAEA 核安保系列第 13 号文件《核材料和核设施实物保护的核安保建议》也是 INFCIRC/225/Rev.5 号文件，提出了实物保护制度的目标、要素，以及对防止擅自转移使用和贮存中核材料的措施的要求，对防止核设施和使用及贮存中核材料遭到蓄意破坏的措施的要求，对防止核材料在运输期间被擅自转移和蓄意破坏的措施的要求。

2.2.2 美　国

美国核材料主要由美国核能管理委员会（NRC）和美国能源部（DOE）具体管理。NRC 分管民用核材料，包括商用核电厂、研究堆、试验堆、核燃料循环设施、医疗学和工业用放射性同位素、放射性废物的处理处置及运输等。DOE 分管军用核材料，包括国防、军用核材料、核设施的安全与安保工作。

在国家上层法规的指导下，NRC、DOE 分别制定了许多与实物保护相关的政府文件。此外，受美国国家标准战略的影响，同时为了更好地补充和支撑相关政府文件，NRC、DOE 也同时引用了大量美国国家标准学会（ANSI）认可和发布的美国国家标准以及由美国标准制定团体制定的协会标准。

2.2.2.1 民用法规标准体系

美国民用法规标准体系主要由国家层面法规与法令、联邦法规、标准及管理导则、技术参考文件组成。

1. 法规与法令

美国国家层面法规与法令主要包括《原子能法》（the Atomic Energy Act of 1954，as Amended）和《能源政策法》（Energy policy act of 2005）。《原子能法》是美国对原子能的和平利用和军事用途管理的根本依据，第二章第十一节及第十四章中有对核材料和核设施、相关涉密信息等进行保卫的规定。《能源政策法》Title 4-NUCLEAR MATTERS 的 Subtitle D-Nuclear Security 的 Sec.651-Sec.657 是对《原子能法》关于核材料管理的修订与细化，包括安保评估、DBT 制定法则、核材料转移安保、抵御核设施破坏等方面。

2. 联邦法规

美国联邦法规（CFR）中关于核能的部分由 NRC 发布，具有普遍适用性和法律效应。CFR title 10 的 Chapter 1 共分为 Part 1-199。其中 part 11，25，26，70.51，71，73，74，76，95，110 是关于核设施出入权限控制、实物保护、核材料控制与衡算、数据安全的、放射性材料运输、出入境控制的相关内容。

3. 标准及管理导则

NRC 采用的标准及管理导则主要包括美国国家标准学会（ANSI）制定和认可的国家标准、美国核能管理委员会（NRC）制定的标准、美国标准制定组织（SDO）制定的协会标准。

ANSI 制定的实物保护相关标准主要包括《核电厂安全保卫》（ANSI/ANS3.3）、《安全相关系统和部件的实物保护》（ANSI/ANS58.3）、《核保障和安保工作人员的资格审查和授证》（ANSI N15.28）、《核材料与核设施实物保护术语定义》（ANSI N15.40）、《核设施实物保护中 CCTV 的设计准则》（ANSI N15.43）等。

NRC 制定的标准是以 NRC 文件的形式发布的管理导则（R.G.），提供了符合法规要求的可行的解决办法，按照不同内容，分为 10 个部分。适用于实物保护的导则分布在第 5 部分，即 R.G. 5：Material and Plant Protection，包括《保护区、要害区和材料存储区域的出入控制》《周界入侵报警系统》《要害区出入控制、实保设备保护、门禁控制》《核电厂出入授权项目》等。

SDO 包括美国核学会（ANS）、美国核材料管理学会（INMM）、美国材料试验学会（ASTM）等，其制定的相关标准也会被 NRC 引用或采用。

4. 技术参考文件

NRC 还发布了一系列技术参考文件以指导实物保护具体措施的实施，主要是 NUREG 系列出版物，是工作中的具体积累、参考性文件，不属于强制性标准，如《I 级燃料循环设施实物保护方案评价可接受标准》（NUREG-1322）。

2.2.2.2　军用法规标准体系

美国能源部（DOE）发布的军用法规标准体系主要包括政策（P）、命令（O）、通知（N）、细则（M）、导则（G）、技术标准六类，其中前四类是必须遵守的管理要求，后两类提供非强制性的技术指导。与实物保护相关的法规标准包括《实物保护》（O 473.1）、《实物保护项目手册》（M 473.1-1）、《信息安保》（M 470.4-4）等。

2.3　本章小结

本章主要介绍了国内外实物保护相关法规标准体系，并对主要法规标准的内容和适用范围进行了简单分析。无论是我国的法规标准体系，还是 IAEA、美国等国外法规标准体系，基本都是由顶层法律法规、底层标准构成的"金字塔"框架。顶层是国家层面的法律法规，数量相对较少，实物保护相关主管部门、核设施保卫部门负责人需要重点关注，设计者需要了解。底层是具体的标准和技术文件，涉及范围广、数量多，能够指导实物保护各个环节中的具体工作，也是设计者需要重点关注和掌握的。适当了解国外法规标准，在规划我国的实物保护法规标准体系以及标准制定、修订过程中，可作为参考借鉴。

PART THREE
第 3 章

设计基准威胁

实物保护设计基准威胁（Design basis threat，DBT）是对潜在敌手意图和能力的描述，是核材料、核设施"最不利情况下的可信威胁"。准确界定、定期评估、及时修订设计基准威胁，是进行实物保护系统设计与评估、人防措施配备与运行、突发事件处置预案编制与修订以及突发事件处置演练的重要依据。

3.1 设计基准威胁的基本概念

3.1.1 设计基准威胁的定义

如果核材料和核设施遭遇恶意行为，可能会造成潜在的各种不可接受的放射性后果和扩散后果，实物保护系统的有效性要求保护措施能够应对一定的潜在威胁。1974 年美国核管会首次提出了设计基准威胁的概念，用来确定安全保卫力量能够防御的潜在攻击的严重程度（如攻击者的数量、能力、武器和战术运用等）。于是，在进行实物保护系统的设计或者制定相关实物保护标准要求时，对潜在的非法入侵人员或敌手的意图和能力做出了一些假设。虽然敌手的能力和意图是推测性的，但这些假设也是基于实际发生的案件信息而得出的。起初设计基准威胁被定义为"通过对于国内或地区的、历史或现在的、外部或内部的一般案件或核材料案件进行分析研究、推理，由国家的权威部门或它所委托的专家依照法律的规定提出，针对某类（或某个）核设施可能的潜在犯罪威胁和犯罪能力的假定（包括犯罪性质、人数、规模、目的、动机、智能、技能、武器、工具、内外勾结等方面）。"

随着时间的推移，设计基准威胁的概念被广泛接受，逐渐成为世界各国核安保体系建设中的一个重要概念。国际原子能机构核安保丛书第 13 号《核材料和核设施实物保护的核安保建议》（INFCIRC/225/Rev.5）中提出，国家对核材料和核设施实物保护的要求应当基于设计基准威胁，利用威胁评定和（或）设计基准威胁作为设计和实施实物保护系统的基础，并要求国家当局应当利用各种可靠的情报来源，以威胁评定和适当的设计基准威胁的形式对威胁和相关能力做出界定。INFCIRC/225/Rev.5 中设计基准威胁的定义是"可能企图进行擅自转移或蓄意破坏的潜在内部人员和（或）外部敌对分子具有的，并已针对其进行了实物保护系统设计和评价的属性和特征。"我国将设计基准威胁定义为"潜在的内部和（或）外部敌手的属性和特性，这些人可能试图擅自转移核材料或进行破坏，因此要根据这一背景来设计和评价实物保护系统"。两者表达的内容基本一致。

设计基准威胁主要包括以下几个要素：

（1）潜在敌手类型。潜在敌手是指任何个人或团伙，包括被认为有实施恶意行为的外部敌手和内部敌手。

（2）可能的恶意行为。是指擅自转移或破坏核材料或其他放射性物质或配套设施，造成不可接受后果的行为。

（3）敌手的属性和特征。主要是指敌手可能实施恶意行为的动机、意图和能力。动机可能是经济、政治或意识形态上的。意图可能包括未经授权非法转移核材料用于军事目的，进行放射性破坏使人员和环境造成伤害。敌手的能力不仅取决于他们的构成，如人数、分工、是否与内部敌手勾结，而且取决于其能力和所配备的武器装备情况，包括战术、武器、炸药、工具、运输工具、接触级别和技能等。

3.1.2　设计基准威胁的作用

设计基准威胁是对设计和评估实物保护系统时所要防范的潜在敌手的动机、意图和能力的全面描述，是实物保护系统设计、升级、改造的重要依据，也为核设施安全运行、突发事件处置预案的编制和演练提供了具体敌情。进行新建实物保护系统设计，以及对已有核设施实物保护系统改造、升级和运行评估时，都必须先确定该设施的设计基准威胁。设计基准威胁主要有以下几个作用。

（1）设计基准威胁是实物保护系统设计、改造的基本依据之一。

潜在敌手针对核材料和核设施的恶意行为可能造成严重后果，特别是放射性后果或扩散后果。建设实物保护系统的目的是防止敌手能够成功地实施其恶意行为，为确保实现这一目标，实物保护设计者应该明白系统需要防范哪些对象。新建、改造、升级实物保护系统，必须对潜在敌手的特征、具备的能力进行明确，用设计基准威胁作为所设计实物保护系统要防范的对象。同时，设计基准威胁也是确保实物保护系统合理设计且不过度保护的必不可少的基础条件。对于超出设计基准威胁的防范对象，也超出了设施实物保护系统的保护能力，可能需要国家或国际力量共同参与。

（2）设计基准威胁是衡量、评估已运行实物保护系统有效性的基准。

对于运行中的实物保护系统，要基于设计基准威胁，对实物保护系统定期开展性能测试和有效性评估，以保持其有效性，找出在防范潜在敌手方面可能存在的不足之处即系统的薄弱环节，提出改进建议措施，以确保实物保护系统的运行质量。如果实物保护系统的探测、延迟、反应参数有所变化，可以依据设计基准威胁来衡量其性能是否满足要求。

（3）设计基准威胁是制定突发事件处置预案和部署反应力量的依据。

设计基准威胁提供了潜在敌手的意图、类型、携带的作案工具、作案方式等，可以根据设计基准威胁来模拟潜在敌手实施恶意行为的情景，因此在制定突发事件处置预案、部署反应力量、作战训练以及实战模拟演习时，应当以设计基础威胁为基础，以有效应对突发事件。

3.1.3 设计基准威胁的特征

（1）设计基准威胁的内容因国家、地区不同而异。

由于国际关系和地缘政治的复杂性，不同国家、不同地区面临的威胁形势是不同的，而设计基准威胁是基于可信的威胁综合分析评定得出的，因此设计基准威胁的内容也因不同国家和地区而异。它会随着核设施所在国家、地区的政治、治安形势甚至国际形势的变化而有所变化。同时，即使在同一个国家内，设计基准威胁也可能因核设施所在地区、核设施的性质、核材料及核设施的风险等级不同而有所差异。

界定设计基准威胁应以和平时期国内外已经发生的核材料案件及其它典型案件的信息为基础。界定设计基准威胁不仅是技术问题，还是一个政治和社会问题。各国提出的设计基准威胁的方式也不一样，有的国家是相关部门为各核设施拟定设计基准威胁的内容，有的国家在相关法律文件中规定了核设施受威胁的范围。在进行威胁评定和制定设计基准威胁的过程中会利用国家情报和其他敏感信息，对于准备实施恶意行动的敌手来说，设计基准威胁本身也是很有价值的，因此需要对这些包含敏感信息的文件加以保护，只有经过授权的人员才能接触。

（2）设计基准威胁的内容是动态变化的。

核设施面临的威胁是不断变化的，随着国内外安全形势的变化以及相关技术的快速发展，各种新型威胁层出不穷，因此设计基准威胁的内容也应该是不断更新变化的。设计基准威胁应定期开展评估与修订工作，同时国内外有重大事件发生时也应及时对设计基准威胁进行评估，并根据威胁评定结果进行修订。如果设计基准威胁的修订过程需要较长时间，不能及时反映当前威胁评定结果时，还要对实物保护系统采取临时补偿性措施。

（3）设计基准威胁是以已发生的案件为依据，用科学的方法分析、综合、推测而来的，不是凭空设想的。

设计基准威胁的界定应以国内外已经发生的核材料案件及其他典型案件信息为基础，不同地区的核设施设计基准威胁界定过程中所考虑的国内外典型案件基本相同，但结合核设施具体特点，所涉及的具体地域范围有所不同，一般是在国内外典型案件的基础上，需要增加考虑所在地区周边一定范围内的典型特殊情况，因此设计基准威胁应能反映核设施面临的潜在威胁形势，并符合核设施的特定情况。

相关案件的信息收集渠道应是可靠的，能够充分反映相关案件的真实性，一般是经过核设施所在地区的公安、国安等部门提供，为描述潜在威胁的特征提供可靠、可信的信息资料，并在此基础上总结评估核设施面临的潜在威胁类型、严重程度及潜在案件发生的可能性。

核设施一般存在三种人为威胁：一是对核材料的偷窃或非法转移；二是对核材料核设施实施的可能导致危害公众健康或环境安全的放射性破坏的行为；三是实施使核设施停止运行或关键系统设备受损的破坏行为（其结果不

会对公众或环境造成危害）。核材料及核设施实物保护所要研究和应对的威胁一般是前面两种，但是针对前面两种威胁的措施，实际上也在很大程度上满足了应对第三种威胁的能力。

3.2 设计基准威胁的界定

设计基准威胁界定一般包括三个步骤，即：威胁信息收集，威胁信息整理分析、确定设计基准威胁。

3.2.1 威胁信息收集

威胁信息应该考虑所有可靠的国内和国外信息来源，包括情报部门、安全部门、政府官方的相关案件报告，营运单位的事件报告，研究机构、公开刊物文献和经证实的媒体报道等。除了关注与核材料、核设施有关的威胁信息外，也应该适当考虑针对类似高价值、高风险行业的敌手特征的有关信息。

信息收集要包括近些年国内外已发生的核材料案件及其他典型案件的详情，包括所有潜在敌手及其动机、意图和能力信息的全面汇总。在信息收集过程中，信息的可信度十分重要，由情报部门、安全部门等提供的信息如果附有相关证明，可以具有较高的可信度。在信息收集过程中，只有判定为准确和真实的媒体报道的信息，才可以使用。

3.2.2 威胁信息整理分析

资料收集完成后，对威胁相关的信息进行分析，以确定潜在威胁的可信动机、意图和能力，并形成威胁信息汇总文件。

分析过程应该特别关注那些可能与核材料和其他放射性物质及其相关设施和运输有关的潜在威胁。可以将国内外已发生的核材料案件及其他典型案件按照破坏、偷窃两种类型进行分类、梳理，并对其严重程度、信息可信性及案件发生的可能性进行评估。

针对外部威胁，一般从作案目的、作案人数、采用的战术策略、敌手特点、武器装备、作案工具等方面进行威胁信息整理，并归纳外部敌手的特征。针对内部威胁，一般从作案目的、作案人数、内部敌手类型以及他们所具有的进出授权、工作权限、对设施的了解程度、个人能力等方面进行威胁信息整理，并归纳内部敌手的特征。针对内外勾结威胁，一般从勾结方式、内部敌手特征、外部敌手特征等方面进行威胁信息整理。该过程既涉及对已知内容的评估，也包括对潜在敌手的可能行为做出判断。

下面列出了一些外部威胁和内部威胁的典型属性和特征。

·动机：一般包括政治目的，经济目的，信仰，亡命徒；

·意图：盗窃核材料，破坏核材料或核设施导致放射性释放，制造公众恐慌和社会混乱，煽动政治不稳定性，造成人员伤亡等；

·团伙规模：攻击力量的组成与规模，是否有协调人员和支持人员等；

·武器：武器装备的种类、数量和可用性等；

·炸药：炸药的类型、数量、可用性、引爆的复杂程度，可直接使用或临时组装等；

·工具：机械工具，手工工具，电动工具，电子电磁设备，通信设备等；

·运输方式：可能采用的运输方式，或者可能具备的运输条件，一般包括公共，私人，陆运，海运，空运等；

·技术能力：非法入侵人员的工程技术能力，是否使用炸药或化学品，是否有军事经验和通信技能；

·网络技能：是否具备使用电脑和自动化控制系统发动物理攻击、情报搜集，网络攻击等的能力；

·知识：对核材料核设施保护目标的了解情况，是否熟悉设施及周边环境，安保措施，安全措施和辐射防护程序，运行程序等；

·资金：来源，数量和可获得性；

·后援支持：是否有当地同情者、幕后支持组织和后勤支持；

·战术：一般包括偷窃，欺骗或使用武力；

·内部敌手威胁：内部敌手除需考虑上述特征，还需考虑是否与外部敌手相互勾结，被动或主动参与，暴力或非暴力的参与，内部敌手的数量，具备的权限、对核设施的了解程度、个人能力等。

3.2.3　确定设计基准威胁

根据威胁信息的整理分析，通过筛选和决策确定设计基准威胁，一般从作案目的、威胁类型、威胁要素等方面进行威胁特征的汇总和描述。

分析过程中，应对所有案件信息实施恶意行为的动机、意图和/或能力等进行分析筛选，如果威胁的能力不足以造成不可接受的后果，或者没有足够的动机实施恶意行为，那么可以暂不考虑这种威胁。根据筛选结果，可以得出具有代表性的潜在敌手的威胁属性和特征。此外，可以适当考虑相关的政策因素，对代表威胁属性和特征的说明进行修改。根据分析与筛选结果，从作案目的、威胁类型、作案方式、采用的战术和策略、个人能力、武器装备、作案工具、通信设备、交通工具等方面归纳总结威胁要素，并形成设计基准威胁文本。经国家授权的相关部门审查、评估、批复的设计基准威胁才能正式使用。

3.3　设计基准威胁的评估与修订

界定设计基准威胁后需要保持持续的信息收集、整理和分析，并定期进行威胁评估。我国核行业标准《核材料与核设施核安保的实物保护要求》中要求许可证持有单位应对威胁进行定期审查，并评估设计基准威胁的变更对实物保护系统产生的影响。

同时，当设施持有的核材料类型和数量发生变化，保护目标的实物保护等级发生变化，或者当威胁形势、政策、法规等发生变化或者有重大事件发生时，应及时对设计基准威胁进行重新评估，根据评估结果，适时修订设施的设计基准威胁。

3.4　威胁因素变化与持续发展

3.4.1　核恐怖主义威胁不断变化

维护核材料与核设施安全是跨越国界的全球性问题，世界上没有哪个国家能够回避或单独解决此问题。特别是"9·11"恐怖袭击事件之后，核安保成为国际社会核不扩散机制的重要议题之一。在核安保方面，国际社会面临多重挑战，全球核安保形势不容乐观，恐怖主义组织成为全球核安全的最大威胁。当前，全球可能的核恐怖主义威胁主要有以下四种：

（1）偷窃、夺取并爆炸核武器。

这是核恐怖活动的一种极端形式。如果爆炸的是战略核武器，数十万人可能在爆炸的瞬间死亡，数百亿财富顷刻消失，放射性对人员造成的危害将持续数十年；如果是战术核武器，其危害虽小于前者，但仍十分严重。

（2）利用偷盗、走私、购买等手段得到核材料，制造核装置。

恐怖主义分子通过非法渠道获取核材料后，在一定条件下可以自行制造比较粗糙的核装置并将其引爆。粗糙核装置的威力比核弹小得多，但是，如果在人口密集的地区实施爆炸，仍会造成巨大危害。

（3）攻击核电厂及其他核设施，造成放射性污染。

攻击核电厂的形式有多种，可能造成的危害程度各不相同。总的来看，由于现代核反应堆的安全设计比较完善，保险程度较高，加之核电厂是各国防范的重点，恐怖分子要借此造成直接重大安全危害并不容易。但即使是损害性较小的攻击，其对经济、政治、特别是社会心理造成的负面影响也决不能低估。

（4）非法渠道获得放射性材料、制造并爆炸放射性脏弹。

用放射性材料制造脏弹，其原理及过程都比较简单，如果获取了放射源，将之与常规炸药直接混合即可制造脏弹。在人口稠密地区发动脏弹袭击将会造成严重社会混乱，人员健康可能因放射性照射长期受损，商业活动和其他社会活动将受到严重干扰。

3.4.2　新威胁形式多样并存

随着科技的不断进步与发展，一方面网络技术大量在实物保护系统中应用，使得网络入侵造成实物保护系统失效成为可能；另一方面无人机、民用水下推进器等技术飞速发展，其获得、使用难度大幅降低，使得核材料核设施面临着低空、水域、网络等各类新型威胁。

1. 低空威胁

近年来，随着经济社会的高速发展，科技进步的日新月异，无人机等"低慢小"航空器发展迅速，应用也越来越广泛，国内外一些核设施、民航、重要军事目标也多次受到来自滑翔伞、热气球、无人机等的有意或无意侵扰。频发的无人机侵袭问题日益严重，对各国国家安全、社会稳定构成严重的现实威胁，成为低空领域重点防范对象之一。

传统的实物保护系统无法应对低空威胁，同时，由于社会和法律层面的监管滞后，导致发现难、响应慢，低空飞行器非法入侵核设施、核电厂空域的现实威胁形势越来越严峻。

2. 网络威胁

随着工业数字化、智能化的发展，信息化技术和网络技术大量应用于各类设施，信息化网络化在给我们的生产生活带来便利的同时，也为攻击者利用网络和共享的资源进行破坏提供了机会，因此也带来了各种各样的安全问题和威胁。

实物保护系统是由"人防+物防+技防"组成的综合安全防范系统，用于保障核材料和核设施的安全。实物保护系统中的一些关键系统和设备关系到核设施的运行安全，如果被非法人为控制或攻击，可能对核安全、实物保护相关计算机系统的功能带来重大影响，从而对核设施的安全和核安保造成危害。

IAEA 也非常重视核设施的计算机安保问题。在国际原子能机构核安保丛书第 13 号《核材料和核设施实物保护的核安保建议》中，要求对实物保护、核安全及核材料衡算和控制所用的计算机系统进行保护，以免其遭受网络攻击的危害。并专门编写实施导则《核设施的计算机安保》(《核安保丛书》第 17 号文件)，指导成员国开展核设施计算机安保的立法和监管工作。

3. 水域威胁

核电厂一般修建于临海地区，随着技术的发展，蛙人、无人水下航行器、沉底爆炸物、水底监听设备、水面快艇等威胁形式已凸显，成为不可忽视的潜在威胁之一。核电厂通过取水管道和排水管道与海洋联通，不法分子可通过管道非法潜入核设施，实施进一步的破坏或盗窃活动，或者直接针对取排水管道实施破坏，使核电厂无法正常吸取生产用水并及时排放生产废水，进而造成核电厂生产运行暂停。

由于濒海水域水文条件复杂，传统的声呐、微波等入侵探测手段难以满足使用需求，水域环境的复杂性一方面导致水域威胁隐蔽性较强，难以被发现，另一方面导致水域防范系统建设难度大、费用高。水域威胁防范需要对水下威胁进行探测、识别、定位，当发现水下威胁后，对其响应与制止，国家核安全局导则《核设施实物保护》已增加了水域威胁防范的相关内容。

3.5　本章小结

　　本章对设计基准威胁的概念和界定过程进行了介绍，并简要描述了威胁的变化和发展对设计基准威胁的影响。设计基准威胁是实物保护系统设计和评估的基础，为准确界定基准威胁，需要收集和分析整理相关的威胁信息。同时，随着安全形势的变化，威胁也是不断变化的，需要定期修订设计基准威胁。

PART FOUR

第 4 章

实物保护分级与保护对象分析

确定保护对象是实物保护系统设计与评估的基础。实物保护的保护对象包括核材料、核设施，为了使保护措施与核材料、核设施相适应，使不同材料和设施都能得到相对应的保护，实物保护实行分级保护。根据核材料被转移制成核武器的可能性以及核设施遭到破坏后可能产生的放射性后果，将核材料和核设施划分成多个等级，分别采取不同严密程度的保护，针对重要保护对象进行重点保护。

4.1 核材料与核设施

4.1.1 核材料

4.1.1.1 概 述

《核材料和核设施实物保护的核安保建议》（INFCIRC/225/Rev.5）中提出的受保护的核材料包括各种钚（同位素钚-238 浓度大于 80%者除外）、铀-235、铀-233 等易裂变核素，要求对钚-239、铀-233 和富集度超过 20%的铀-235 实行严格控制与管理，因为这些材料是制造核武器的关键材料。为保证核材料的安全和合法利用，各国的核安全主管部门都将其列入核材料管制范围。

在我国核材料管制领域，核材料是指易裂变材料铀-235、铀-233、钚-239，聚变核燃料氚和锂-6。《中华人民共和国核材料管制条例》中规定受管制的核材料包括：

（1）铀-235，含铀-235 的材料和制品；

（2）铀-233，含铀-233 的材料和制品；

（3）钚-239，含钚-239 的材料和制品；

（4）氚，含氚的材料和制品；

（5）锂-6，含锂-6 的材料和制品；

（6）其他需要管制的核材料。

铀矿石及其初级产品，不属于该条例管制范围。

4.1.1.2 核材料分类

1. 铀

铀是重要的天然放射性元素，元素符号 U，原子序数 92，所有铀同位素皆不稳定，具有微弱放射性。

铀的天然同位素组成为铀-238（自然丰度 99.275%，原子量 238.0508，半衰期 4.51×10^9 a），铀-235（自然丰度 0.720%，原子量 235.0439，半衰期 7.00×10^8 a），铀-234（自然丰度 0.005%，原子量 234.0409，半衰期 2.47×10^5 a）。其中铀-235 是唯一天然存在的易裂变核素，受热中子轰击时吸收一个中子后发生裂变，释放出 195 MeV 的能量，同时放出 2~3 个中子，引发链式核裂变。铀-235 是最基本的核燃料，可以用来建造反应堆、制造原子弹等，铀-235 丰度低于 20% 时，铀燃料的临界质量非常大，以致不能用于制造核武器。

按照铀-235 丰度的不同，一般将铀分为以下几类：

（1）天然铀：铀-235 丰度约占 0.7%，其余主要为铀-238。

（2）贫化铀：铀-235 丰度<0.7%。

（3）低富集铀（LEU）：0.7%<铀-235 丰度<20%。

（4）高富集铀（HEU）：铀-235 丰度>20%。

铀-233 是铀的同位素之一，半衰期 1.59×10^5 a，是钍-232 俘获中子后随之进行两次 β 衰变生成的人造易裂变核素，通过在反应堆中中子照射钍-232 产生并经过后处理提取。铀-238 是制取核燃料钚的原料。

2. 钚

钚是锕系元素中的放射性金属元素，元素符号 Pu，原子序数 94。在自然界中只找到两种钚同位素，一种是钚-244，它具有足够长的半衰期，可能是地球上原始存在的。另一种是从含铀矿物中找到的钚-239，是钚-238 吸收自然界里的中子而形成的。其他质量数为 232~246 的钚同位素都是通过人工核反应合成的。钚是易裂变的放射性元素，能用作核燃料、制造核武器。

钚-238 可在反应堆中经辐照产生，对乏燃料分离提取，能产生钚-239、钚-240。钚-240 含量过高会导致提前点火，影响核武器的威力和可靠性。一般按照钚-240 含量不同对钚进行分类：

（1）超级钚：钚-240 含量小于 3%；

（2）武器级钚：钚-240 含量小于 7%；

（3）燃料级钚：钚-240 含量介于 7%~18%；

（4）反应堆级（工业钚）：钚-240 含量大于 18%。

3. 热核材料

热核材料，通常包括氘、氚和锂-6。

氘和氚是氢的同位素，氘的元素符号是 D 或 ^{2}H，氘广泛以重水（D_2O）的形式存在于天然水中。氚是氢的一种人工放射性同位素，元素符号为 T 或 ^{3}H，它的原子核由一颗质子和两颗中子组成，氚的质量数为 3。氚会发射 β 射线而衰变成氦-3，半衰期为 12.5 a。氚主要用于热核武器、科学研究中的标记化合物，制作发光氚管，还可能成为热核聚变反应的原料。锂的同位素有两种，即锂-6 和锂-7。天然锂中锂-6 占 7.5%，锂-7 占 92.5%。在自然界中锂的分布较广。

氘、氚在常温下呈气体状态，不易贮存和使用，锂的化学性质活泼，因此，在储存时，要做成较稳定的化合物，如氯化锂-6。

4.1.1.3 核燃料循环

核燃料是含有易裂变核素，放在反应堆内能实现自持核裂变链式反应的核材料。核燃料循环是指核燃料所经历的一系列环节，包括采矿、水冶、转化、富集、燃料制造、利用、后处理、返料生产和放射性废物的处理、处置等过程。

核燃料循环以反应堆为中心，划分为堆前环节和堆后环节，如图 4-1-1 所示。堆前环节是指核燃料在入堆前的制备，包括铀矿的开采，铀矿石的加工精制（即前处理），铀的转化、浓缩和燃料元件制造等过程。堆后环节指对反应堆卸出的乏燃料的处理，包括乏燃料的中间储存，乏燃料中铀、钚和裂变产物的分离（即后处理），以及放射性废物处理和放射性废物最终处置等。

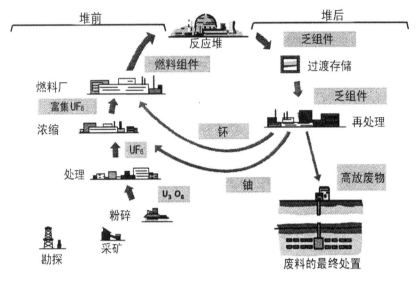

图 4-1-1 核燃料循环示意图

1. 铀矿开采冶炼

核燃料循环的第一步就是寻找含铀化合物的地质岩层。通过化学分析这些矿石的成分，确定是否有开采的经济价值，然后进行开采。铀矿石开采有露天开采、地下开采、地浸等方法。由于矿石铀中的铀含量都很低（一般低于 1%），所以开采的矿石量非常大。

将开采出来的、具有工业品位或经过物理选矿的铀矿石进行冶炼，加工浓集成含铀量较高的中间产品，通常称为铀化学浓缩物（又称"黄饼"）。铀矿石加工过程多采用湿法化学处理，习惯上称之为铀的水冶。铀矿石加工主要包括矿石准备、矿石浸出、铀的提取、沉淀出铀化学浓缩物。

水冶生产过程中产生大量的尾矿砂和放射性废液，需要妥善处理，以免污染环境。一般地，尾矿对环境的影响要大于原矿。

2. 铀的精制

铀化学浓缩物含有大量杂质，需要进一步提纯，并转化为易于氢氟化的铀氧化物。通常将铀化学浓缩物提纯和铀氧化物制备的工艺阶段称为铀的精制。精制产品可以是硝酸铀酰 $UO_2(NO_3)_2$、重铀酸铵 $(NH_4)_2U_2O_7$、八氧化三铀 U_3O_8、二氧化铀 UO_2 等，其中八氧化三铀是铀在空气中最稳定的化合物，便于长期贮存。

纯化的方法一般采用萃取法、离子交换法、分步结晶法，或者几种方法交替使用。一般先将"黄饼"精炼成铀氧化物 UO_2，经过氢氟化制备成四氟化铀 UF_4，再将 UF_4 氟化成六氟化铀 UF_6，作为下一步铀同位素分离的工作介质。

3. 富集

重水堆（CANDU）所使用的燃料对铀-235的富集度没有太严格的要求，甚至天然铀都可以。但是，轻水堆（LWR）、高温气冷堆（HTGR）和其他几种类型的反应堆，所使用的核燃料中铀-235的富集浓度要高于0.7%的铀-235天然浓度。其中，轻水堆使用的核燃料铀-235的富集度约为2%~5%，高温气冷堆所使用的核燃料的铀-235富集度大于5%。为了满足核燃料在这几种反应堆中的使用，需要对铀-235进行富集。

富集过程就是铀的同位素分离，即增加铀-235的含量，分离一定的铀-238。天然铀的三种同位素铀-234、铀-235、铀-238化学性质相同，质量差别很微小，大多数工业规模生产浓缩铀的工厂均利用它们质量不同所产生的效应（如速度效应、离心力效应、电磁效应等）不同而进行分离，如气体扩散法、离心机法、分离喷嘴法等。

在燃料循环的铀-235富集阶段，由于提高了铀-235的浓度，高富集铀可以制成核爆炸装置，低富集铀也可用来制造脏弹或类似装置，所以这些核材料会成为敌手盗窃的目标。

4. 核燃料制造

核燃料是核反应堆中的核心部件和最主要的组成部分，是反应堆能量的来源。核燃料元件是核燃料制造的最终产品，通常指由燃料芯体和包壳组成的燃料单元，如燃料棒、燃料板和燃料球。

按核燃料类型，可分为金属型燃料元件、弥散型燃料元件和陶瓷型燃料元件；按核燃料元件几何形状，可分为棒状、板状、管状和球状等；按反应堆类型，可分为轻水堆燃料元件、重水堆燃料元件、高温气冷堆燃料元件和其他研究堆燃料元件。

轻水动力堆普遍采用低富集度的二氧化铀（UO_2）为核燃料，用锆合金为包壳材料。采用由细燃料棒组成的棒束型燃料组件。把经过烧结、磨光的二氧化铀陶瓷芯块叠成柱状，装入包壳管，制成燃料棒。包壳管两端用锆合金端塞封住焊死以保持其密封性。燃料棒外径约 9 ~ 11 mm，长约 4 m。若干燃料棒按一定的排列方式组合成燃料组件。压水堆燃料组件多采用 14*14 至 18*18 根棒束，作正方形排列的无外盒结构（VVER 为 127 ~ 331 根棒束作三角形排列，有外盒）。

5. 使用（反应堆）

这个过程就是堆前和堆后阶段的分界线。在使用阶段，核燃料在反应堆中消耗铀-235，并且把部分铀-238 转化成钚-239，同时产生大量热能。铀-235 要产生裂变，需要吸收一个中子，原子核吸收一个中子成为不稳定核，不稳定核劈裂成两个或多个小裂块，并释放 2 ~ 3 个新的中子，以及约 200 Mev 的热能。裂变产生的中子可自由地轰击反应堆中的其他可裂变核，并导致更多的核发生裂变。如果链式反应的增殖过程不被控制，就会使反应堆的功率在一秒内增加 2000 倍甚至更高。插在反应堆中的控制棒是用来吸收中子的，它可使被吸收的中子不再产生多余的裂变。反应堆关闭后，反应堆内仍存有大量的热能，必须依靠冷却系统用几个小时甚至几天的时间把这些热量散发出去。

核燃料在"使用"过程中产生的变化如图 4-1-2 所示。未经使用的反应堆燃料的富集度为 3%，在反应堆三年的使用过程中，约有 2/3 的铀-235 原子核产生裂变，释放出热能，并形成裂变物（废物）。总含量中约 2% 的铀-238 转化成钚（Pu），其中这些钚（Pu）的一半会产生裂变，这些裂变也产生热能和废物。经过三年的使用后，总含量中剩余 95% 的铀-238 仍然丝毫未变。

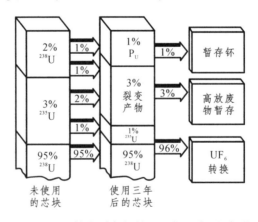

图 4-1-2　核燃料在使用过程中的变化

如果要把 1% 的钚、96% 的铀和 3% 的废物进行分离，使有用的核材料重新进入反应堆燃料循环，就需要对从反应堆中卸出的乏燃料进行再处理（后

处理)。

6. 乏燃料暂存

从反应堆中卸出的辐照过的燃料元件称为乏燃料元件,乏燃料中含有铀、钚和大量的裂变产物。压水堆乏燃料从反应堆中卸出后,要在水中存储几个月甚至几年的时间,因为水既具有屏蔽作用又是散热介质。在暂存过程中,短寿命放射性核素衰变掉,以利于再处理或永久性废弃。暂存乏燃料水池既可以建在反应堆附近,也可以建在其他适宜的地方。如果发生破坏事件,造成储存水池漏水,乏燃料释放的大量热能可能就会使燃料组件自熔,造成放射性物质泄漏。

随着乏燃料存储时间越来越长,从反应堆中退出、经历 10 年以上的暂存时间的乏燃料中短寿命同位素大部分已经衰变掉,所以此类燃料产生的热量较少。这些燃料可以靠自然通风使其冷却,所以,在这种情况下,破坏暂存池使水泄漏造成的后果就不那么严重了。

7. 后处理(再利用)

乏燃料的后处理(铀、钚的回收再利用)工艺同氧化物处理工艺类似,主要是采用化学方法。后处理流程一般包括首端处理(乏燃料储存、分解组件、溶解)、化学分离与提取、产品的最终纯化和转化(尾端过程)。

后处理过程中,从第一次提取开始所形成的大量废液都含有大量的放射性同位素,这些液体足以对周围环境产生严重的放射性辐照污染,所以后处理厂要更加关注造成放射性泄漏的破坏行为。

8. 废物处理与处置

放射性废物是指含有放射性核素或被放射性核素污染,其放射性浓度或放射性比活度超过国家规定限值的废弃物。从铀矿开采、加工到反应堆运行和核燃料后处理等一系列生产过程中,都不可避免地产生放射性废物。

放射性废物可分为废气、废液和固体废物三类,称为三废。放射性废物按其放射性活度水平分为不同的等级,包括高放废物、中放废物和低放废物。

放射性废物处理是为安全和(或)经济目的而改变废物特性的操作,主要包括废物减容、去除放射性核素和改变组分。通过处理,使放射性废物变成适于往大气、水体排放或作最终处置的状态。

放射性废物处置是将废物放置到经批准的适当设施内，不打算再回取。处置也包括经过审管部门批准的将流出物直接排入环境中弥散。由于固态废物不会流动，其长期贮存或永久处置更加安全且较易监督，所以一般应将放射性废物转化成固体状态进行永久性处置。

9. 运输

核燃料循环中，燃料或材料不可避免地需要从一个设施运到另一个设施。为保护成品燃料组件或材料，防止临界事故发生，运输过程中要求采取正确的包装和操作程序。对于从反应堆卸出的乏燃料组件，在运输过程中要采取强大的屏蔽和强制冷却措施。运输核材料所使用的交通工具和容器必须满足严格的操作要求，长途卡车要有越障碍能力，装核材料的容器必须具备临界控制和抗事故所要求的性能。

4.1.1.4 核材料与核燃料循环的保护需求

在核燃料循环的各个生产环节中，包括燃料制造、反应堆、后处理、贮存和运输等，核材料也是敌手盗窃和破坏的目标。核材料必须置于设有多重防护的受保护区域内，并实行安全保卫，防止丢失与扩散。

在核燃料循环的不同阶段，实物保护需要关注的重点是不同的。例如，核燃料元件具有相对较低的放射危害性，因此主要关注的威胁是盗窃行为。而从核电厂新卸出的乏燃料具有很高的放射危害性，因此要重点关注引起大量放射性释放的破坏行为。根据核设施所拥有的核材料和放射性水平的不同，需要采取不同的实物保护措施。

4.1.2 核设施

《中华人民共和国核安全法》中规定的核设施，是指：

（1）核电厂、核热电厂、核供汽供热厂等核动力厂及装置。

（2）核动力厂以外的研究堆、实验堆、临界装置等其他反应堆。

（3）核燃料生产、加工、贮存和后处理设施等核燃料循环设施。

（4）放射性废物的处理、贮存、处置设施。

1. 核动力厂

核动力厂是指将原子核裂变释放的核能转换为热能，用以产生供汽轮机用的蒸汽，汽轮机再带动发电机产生商用电力的电厂，或者给其他设施供汽供热的工厂。

核电厂是一种高能量、少耗料的电站。以一座发电量为 100 万千瓦的电站为例，如果烧煤，每天需耗煤 7 000～8 000 t，一年要消耗 200 多万吨煤。若改用核电厂，每年只消耗 24 t 富集度为 3% 的铀，一次换料可以满功率连续运行一年。

图 4-1-3 所示为压水堆核电厂工作原理，压水堆总共包括三个回路，三个回路之间相互独立。

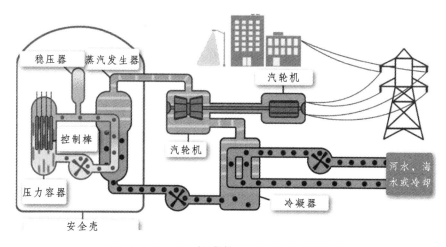

图 4-1-3 压水堆核电厂工作原理图

反应堆内核燃料裂变过程释放出来的能量，经过反应堆内循环的冷却剂，把能量带出并通过管道传输到蒸汽发生器，并将热量传输给汽轮机工质（水），使其变为饱和蒸汽，用以驱动涡轮机并带动发电机发电。被冷却后的冷却剂再由主泵打回反应堆内重新加热，如此循环往复，形成一个封闭的吸热和放热的循环过程，这个循环回路称为一回路，也称核蒸汽供应系统。由于一回路的主要设备是核反应堆，通常把一回路及其辅助系统和厂房统称为核岛（NI）。为确保安全，整个一回路系统装在安全壳这个密封厂房内。

做完功后的蒸汽（乏汽）被排入冷凝器，由循环冷却水（如海水）进行冷却，凝结成水，然后由凝结水泵送入加热器预加热，再由给水泵将其输入蒸汽发生器，从而完成了汽轮机工质的封闭循环，此回路为二回路。二回路系统与常规火电厂蒸汽动力回路大致相同，因此把它及其辅助系统和厂房统称为常规岛（CI）。

三回路则通过水泵将海水或河水输送到冷凝器中，在冷凝器里将二回路的蒸汽冷凝成水，并将热量带出。

2. 其他反应堆

核反应堆是以铀（或钚）作核燃料实现受控核裂变链式反应的装置。反应堆的结构、特性和运行的工况随用途而异，按用途大致可以分为研究堆、动力堆、生产堆和特殊用途堆等。

研究堆用来进行基础研究或应用研究。例如，国内目前由原子能科学研究院建成的"先进研究堆"，为我国核科学研究及核技术开发应用提供了一个重要的科学实验平台。动力堆是将核裂变所产生的热能用作舰船的推进动力或核能发电。生产堆主要是生产新的易裂变材料铀和钚。

3. 核燃料循环设施

核燃料循环中有关核燃料生产、加工、贮存及乏燃料后处理的各种设施，统称为核燃料循环设施。通常，核电厂不包括在核燃料循环设施中。

核燃料循环设施是核能开发的重要组成部分，这些设施不同于一般的建筑设施。后处理厂和铀同位素分离工厂都是大规模的企业，技术复杂，投资巨大，又属于防止核扩散的敏感技术。其内部贮存或加工着大量的放射性物质和化学危险性物质，一旦这些物质发生泄漏，后果不堪设想，因此核燃料循环设施的安全得到了越来越多的关注。

由于乏燃料具有很强的放射性，钚又是剧毒物质，因此后处理厂的工艺设备都被包在很厚的屏蔽墙里面，须借助于远距离和自动化方法进行操作、控制和监测，对工作人员要采取周密的辐射防护措施。因此，实物保护的设计应与工艺操作和辐射防护相结合。

4. 放射性废物的处理、贮存、处置设施

放射性废物处理设施，是指为了能够安全和经济地运输、贮存、处置放射性废物，通过净化、浓缩、固化、压缩和包装等手段，改变放射性废物的属性、形态和体积等活动的设施。放射性废物贮存设施，是指将废旧放射源和其他放射性固体废物临时放置进行保管而专门建造的设施。放射性废物处置设施，是指将废旧放射源和其他放射性固体废物最终放置不再回取而专门建造的设施。

4.2 实物保护分级

4.2.1 核材料实物保护分级

1. 国际关于核材料的实物保护分级要求

国际原子能机构《核材料和核设施实物保护的核安保建议》（INFCIRC/225/Rev.5）根据擅自转移使用和贮存中的核材料造成的后果对核材料进行分级，详见表 4-2-1。该建议规定的核材料等级反映了使用这类材料生产核爆炸装置的相对难易程度。Ⅰ类材料易于制成核爆炸装置，应受到最严格的实物保护；Ⅲ类及以下的核材料按照审慎的管理方法进行保护，以防止擅自转移。

表 4-2-1　国际原子能机构核材料实物保护分类（INFCIRC/225/Rev.5）

材　料	形　态	类　别		
		Ⅰ	Ⅱ	Ⅲ [c]
钚 [a]	未辐照过的 [b]	≥2 kg	≥500 g，<2 kg	≥15 g，<500 g
铀-235	未辐照过的 [b]	—	—	—
	铀-235 富集度≥20% 的浓缩铀	≥5 kg	≥1 kg，<5 kg	≥15 g，<1 kg
铀-235	铀-235 富集度在 10%～20%（不含 20%）的浓缩铀	—	≥10 kg	≥1 kg，<10 kg
	铀-235 富集度<10% 的浓缩铀（不包括天然铀、贫化铀）	—	—	≥10 kg
铀-233	未辐照过的 [b]	≥2 kg	≥500 g，<2 kg	≥15 g，<500 g
辐照燃料	—	—	贫化铀或天然铀，钍或低浓缩燃料(易裂变成分低于10%)	

注：对本表的使用和解释不应独立于整个出版物的正文。

a. 除钚-238 同位素浓度超过 80% 以外的所有钚。

b. 未在反应堆中辐照过的材料，或者在反应堆中辐照过但在无屏蔽的 1 m 距离处的辐照水平等于或小于 1 Gy/h（100 rad/h）的材料。

c. 数量不足以列入Ⅲ类的材料以及天然铀、贫化铀和钍至少应按照审慎的管理方法加以保护。

d. 虽然建议了本类保护级别，但各国可根据对具体情况的评价自行规定不同的实物保护级别。

e. 对于辐照前根据最初易裂变材料含量被列为Ⅰ类或Ⅱ类的其他燃料，如果其在无屏蔽 1 m 距离处的辐照水平超过 1 Gy/h（100 rad/h），可降低一个类级。

f. 表中对辐照燃料的分类是基于国际运输考虑的。各国家可以在考虑所有相关因素的情况下，针对国内使用、储存和运输的规定分为不同的类别

2. 我国关于核材料实物保护分级要求

《中华人民共和国核材料管制条例实施细则》中规定了我国受管制核材料的实物保护等级，见表4-2-2。

表 4-2-2　核材料实物保护等级划分

材料	状态	等级		
		I	II	III
钚	未辐照过的	2 kg 以上	10 g～2 kg	10 g 以下
铀	未辐照过的，U 富集度≥20%的浓缩铀	5 kg 以上	1～5 kg	10 g～1 kg
	未辐照过的，U 富集度在 10%～20%范围的浓缩铀	—	20 kg 以上	1～20 kg
	未辐照过的，U 富集度＜10%的浓缩铀（不包括天然铀、贫化铀）	—	300 kg 以上	10～300 kg
氚	未辐照过的，以氚量计	10 g 以上	1～10 g	0.1～1 g
锂	浓缩锂（以锂计）	—	20 kg 以上	1～20 kg

4.2.2　核设施实物保护分级

1. 国际关于核设施实物保护分级要求

根据核设施在遭到破坏后可能产生的放射性释放对公众和环境的危害程度，核设施中核材料的类型、数量、富集度、辐射水平、物理和化学形态，以及核设施所处地理位置及具体情况等因素，国际上通常将核设施分为三个实物保护级别，详见表4-2-3。

表 4-2-3　国际核设施实物保护分级

实施一级实物保护	实施二级实物保护	实施三级实物保护
破坏可能会在场外引起严重的确定性健康影响	破坏可能导致场外人员受到需要在场外采取紧急保护行动的剂量	破坏可能导致需要紧急实施现场保护措施的污染
具有足以在场外造成严重确定性影响的可散放放射性物质的设施	具有可散放放射性物质的设施，其足以产生需要在场外采取紧急保护行动的剂量	具有可散放放射性物质的设施，其足以产生需要在现场采取紧急保护行动的剂量

实施一级实物保护	实施二级实物保护	实施三级实物保护
热功率在 100 MW（th）以上的反应堆装置（例如核电站、核动力船舶、研究设施）	热功率为 2～100 MW（th）的反应堆装置	若失去屏蔽，直接外照剂量率在 1 m 外超过 100 mGy/h 的设施
包含一部分新近卸堆的燃料，且总量大于 10^{17}Bq Cs-137（相当于 3000 MW（th）反应堆的堆芯存量）的乏燃料池	需要主动冷却的乏燃料池	若发生不受控临界事故，其影响可能波及周界外 0.5 km 范围内的设施
	若发生不受控临界事故，其影响可能波及周界外超过 0.5 km 范围的设施	热功率小于 2 MW（th）的反应堆装置

2. 我国关于核设施实物保护分级要求

《核设施实物保护》中规定了我国核设施实物保护的分级要求，详见表 4-2-4。

表 4-2-4　我国核设施实物保护分级

实施一级实物保护	实施二级实物保护	实施三级实物保护
核材料达到一级实物保护的核设施	核材料达到二级实物保护的核设施	核材料达到三级实物保护的核设施
堆芯热功率在 100 MW（th）以上的反应堆	堆芯热功率在 2 MW（th）以上且小于 100 MW（th）的反应堆	堆芯热功率小于 2 MW（th）的反应堆
包含一部分新近卸堆的燃料，且总量大于 10^{17}Bq Cs-137（相当于 3 000 MW（th）反应堆的堆芯存量）的乏燃料池	含有新近卸堆的需作主动冷却乏燃料的乏燃料储存设施	独立存放和处理弥散性中放固体废物及低放废液放射性物质存量达到或超过危险量 D_2 值 0.1 倍的设施，独立存放和处理弥散性高放固体废物及中放废液放射性物质存量小于危险量 D_2 值 100 倍的设施

实施一级实物保护	实施二级实物保护	实施三级实物保护
独立存放和处理高放废液放射性物质存量达到或超过危险量 D_2 值（常见放射性核素的 D_2 值见附录 A）10 000 倍的设施	独立存放和处理弥散性高放固体废物及中放废液放射性物质存量达到或超过危险量 D_2 值 100 倍的设施，独立存放和处理高放废液放射性物质存量小于危险量 D_2 值 10 000 倍的设施	若失去屏蔽，直接外照剂量率在 1 m 处超过 100 mGy/h 的设施
独立的乏燃料元件后处理设施	距场区边界 0.5 km 以内，且可能发生不受控临界事故的设施	距场区边界超过 0.5 km，且可能发生不受控临界事故的设施
上述未包括的但危险等同于上述条件的其他核设施	上述未包括的但危险等同于上述条件的其他核设施	上述未包括的但危险等同于上述条件的其他核设施
常见放射性核素的 D_2 值详见《核设施实物保护》（HAD501/02-2018）附录 A		

4.3　保护对象分析

4.3.1　定义与目的

确定保护对象是实物保护系统设计的基础。确定保护对象所要解决的问题是"保护什么"，也就是找出需要加以保护的具体区域、设备、部件。将核设施内所有的东西都进行保护是不经济的，也是不实际的。有效的保护系统要根据不同区域内的材料类别、被盗窃及破坏的可能性以及造成的危害后果来确定，实物保护系统设计的任务是最大限度地保护那些最重要的区域或部件，一定限度地保护那些较为重要的区域或部件。

确定实物保护对象关注的是什么要保护，此时还并不关心实物保护措施能否被攻破或者进行实物保护的困难性。也就是说，对象的确认只是要确定被保护的区域、设备、部件，而对这些设施的保护以及保护它们的难易程度是在实物保护对象确认之后才考虑。在分析实物保护对象时，首先要确定敌手实施恶意行为的目的或可能造成的后果。核设施实物保护对象分析一般基于"核材料被偷窃"与"放射性破坏"两种危害后果来确定。

（1）核材料被偷窃，是指核材料被人非法从该设施移至厂外的某个场所，以便在那里将这些被偷窃的材料制成核武器或被扩散。

（2）放射性破坏，是指通过破坏设施内的安全设备导致大量放射性释放，可能使公众受到核辐射的危害，或危及公共安全。

从被盗的角度确定保护对象时，所有的核材料都必须加以保护；从破坏的角度确定保护对象时，可以选择一些数量有限的保护对象组进行保护，这些保护对象组必须完整全面，只要这些保护对象组得到保护，即使其他对象都被破坏也能防止危害后果出现。保护对象的确认，需要工艺人员、安全专家与实物保护专家密切配合、充分分析。

保护对象分析通常有列表分析法和故障树分析法两种。列表法一般适用于固定物项被盗、简单工艺系统遭破坏、某一场所（如储存库）的保护等情况；故障树分析法一般适用于复杂生产工艺中的材料被盗、设施内关键部件被破坏等情况。

确定保护对象的方法如图 4-3-1 所示。

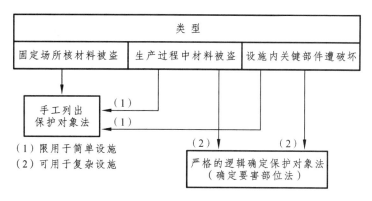

图 4-3-1　确定保护对象的方法

4.3.2　列表分析法

对于贮存在固定场所的固体核材料或装在容器中的液体核材料被盗，用列表法手工列出保护对象的方法较为合适，该方法是把所有的数量相当大的核材料及它们所在位置用列表表示，该表中所列出的核材料就是需要保护的对象。

若核设施的生产工艺较为简单，列表法也可适用于生产过程中核材料被盗或关键部件遭到破坏。

列表法列出保护对象一般需经过以下几个步骤：

（1）对核设施内所有核材料进行盘点，梳理所有对象及对象位置的清单；

（2）对每个对象进行详细的说明；

（3）确认每个对象的影响，完成对象分析报告。

例如，通过列表法列出某设施实物保护保护对象，如表 4-3-1 所示。

表 4-3-1　列表法确定某简单核设施实物保护对象

对象位置	核材料类型/可携带性	分　级	说明存放环境特点
还原炉出料部位	UO_2罐可手推车运输	Ⅱ	非放空间，出入受控
⋮	⋮	⋮	⋮
⋮	⋮	⋮	⋮

4.3.3　故障树分析法

对于复杂的核设施，手工列表法会受到限制。例如，大型后处理厂通过许多个流程输送材料，有关材料的位置也不固定，因此很难列出所有保护对象的位置。再如，大型核动力堆有许多复杂的系统，每个系统都有成千上万个部件，这些系统和部件相互配合使堆芯冷却，此外还有电力、通风和仪器仪表等许多辅助系统，它们都以十分复杂的方式与一回路系统部件相连。确定保护对象时必须考虑哪些系统和部件需要保护，以及它们与其他辅助系统有哪些关联。当设施过于复杂无法靠列表分析法确定保护对象时，可以使用比较严谨的确定方法，故障树就是一种系统而全面的分析方法。

4.3.3.1　故障树分析简介

故障树分析法（FTA）是用于系统可靠性和安全性分析的工具，用来分析、寻找系统故障失效的所有原因和原因的组合，并建立逻辑关系。故障树分析法把极不希望发生同时又可能发生的事故作为故障树的顶事件，分析出导致顶事件发生的各种可能事件及其组合，一步步地推导出引起该事件发生的因素，比如部件故障、环境或人为因素等，以及这些因素与顶事件之间的各种可能的因果关系。可能导致该顶事件发生的基本原因称为底事件，中间事件则反映了顶事件和底事件之间的因果关系。

故障树以图形化的方式表示了一个系统故障与其他事件之间的相互关系。在故障树中，底事件通过一些逻辑符号（如"与门""或门"）连接到一个或多个顶事件。

故障树分析中常用的符号如表 4-3-2 所示。

表 4-3-2　故障树分析常用符号

符　号	名　称	含　意
或门	或逻辑门（或门）	如果任一输入事件发生，则输出事件发生
与门	与逻辑门（与门）	如果所有输入事件发生，则输出事件发生
基本事件	基本事件	基本事件，提供故障数据和修复数据
	中间事件	既有输入又有输出的事件
	顶事件	故障树分析中的结果事件

4.3.3.2　确定要害部位

为建立核设施的实物保护系统，需要确定哪些核材料可能被偷窃，哪些设备遭到破坏会引起不可接受的放射性后果，以及这些材料和设备的位置。一般情况下，对偷窃有吸引力的材料比较容易确定其位置，但是由于核设施的功能和结构复杂，要确定由于破坏而引起大量放射性释放的关键部件和设施的区域却不是很容易。这些需要加以保护以避免遭到破坏的设备所在位置称为要害部位。图 4-3-2 中给出了确定核设施中的要害部位的基本步骤。

第一步，界定有关的放射性释放水平。放射性释放水平是允许一座设施在发生事故时的最大释放量，用这个水平去决定须考虑的释放阈值和帮助确定需要分析的范围。

第二步，找出设施中可能发生超过规定释放限值的放射性材料源。如果放射性材料完全释放也不足以超过这一限值，则不必予以考虑。

第三步，确定分析时需要考虑的设施运行状态。对于动力堆来说，运行状态包括功率运行、换料停堆和停堆状态。在一种运行状态期间防止放射性材料释放所必需的某些设备，在另一种运行状态期间也许并不需要。因此，可以针对设施内的不同运行状态，确定不同的要害部位。

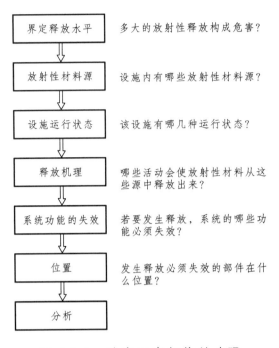

图 4-3-2　确定要害部位的步骤

第四步，找出能导致大量放射性释放的活动，如直接扩散、诱发临界事故和放射性衰变发热。

第五步，确定有可能引起放射性释放的系统。确认系统的哪些功能失效，会导致放射性释放，对于核动力堆来说，其设计以冗余和安全为本，因此这一步是该过程中最复杂最费时的部分，需要使用系统工程的分析方法。

第六步，确定每项失效可能会在设施中的哪些位置发生。在收集到详尽的系统失效和部件位置的资料后，可借助计算机分析软件，得出被分析设施的要害部位。

4.3.3.3　破坏故障树分析示例

下面以压水堆燃料元件生产线为例进行分析，该生产线主要包括化工转化、芯块制造、燃料棒制造、燃料组件组装等部分。化工转化是把铀-235 丰度＜5%的 UF_6 经过水解、还原等工艺制备成陶瓷级二氧化铀（UO_2）粉末。UO_2 粉末经过混料、制粒、球化，然后压制成 UO_2 生坯块，经高温烧结、磨削，制备成合格的陶瓷 UO_2 芯块。将制备合格的陶瓷 UO_2 芯块装入包壳管中，焊接上、下端塞，经严格检查制备成燃料棒。将燃料棒与组件骨架装配、焊接，组装成燃料组件。

经过分析，在工艺生产过程中，潜在破坏引起的释放事件如表 4-3-3 所示。

表 4-3-3　破坏引起的放射性释放事故分析

序　号	事　件	引起原因
1	UF_6 气体大量释放	同时破坏管道与 UF_6 罐冷却系统
2	萃取工序有机溶剂着火事故	破坏引起有机溶剂着火
3	还原炉氢气爆炸	破坏导致空气进入还原炉
4	破坏引起临界事故	化工转化、芯块制备、燃料棒组装、UF_6 罐发生临界

确定顶事件为破坏引起放射性释放，建立的故障树如图 4-3-3 所示。

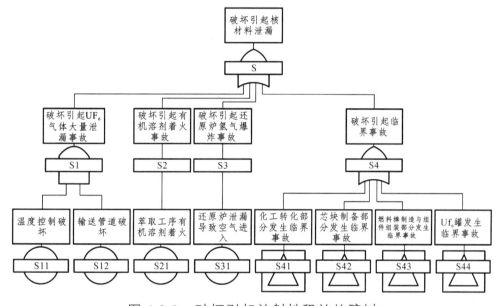

图 4-3-3　破坏引起放射性释放故障树

通过对图 4-3-3 进行分析可知，故障树中破坏引起核材料泄漏的中间事件包括：破坏引起 UF_6 气体大量泄漏事故、破坏引起有机溶剂着火事故、破坏引起还原炉氢气爆炸事故、破坏引起临界事故。

对于破坏引起 UF_6 气体大量泄漏事故这一中间事件，通过工艺分析，往下继续演绎得到温度破坏与输送管道破坏这两个原因（底事件），这两个原因是"与"的关系；对于破坏引起有机溶剂着火事故这一中间事件，通过工艺分析，得到萃取工序有机溶剂着火这个原因（底事件）；对于破坏引起还原炉氢气爆炸事故这一中间事件，通过工艺分析，得到还原炉泄漏导致空气进入这个原因（底事件）。

最后一个破坏引起临界事故的中间事件故障树继续往下演绎，得到与其相关的四个因素，分别是：化工转化部分发生临界事故、芯块制备部分发生临界事故、燃料棒制造与组件组装部分发生临界事故、UF_6罐发生临界事故。这四个因素还要继续逐层向下演绎，找到其最终发生的原因（底事件），如图4-3-4所示。

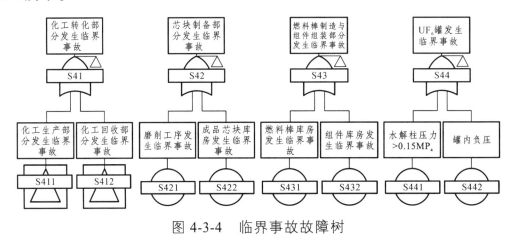

图 4-3-4　临界事故故障树

通过实物保护对象分析，并结合工艺和辐射防护的实际情况，经对破坏引起核材料泄露事件的一层层演绎分析，最后得到顶事件为破坏引起核材料泄露的完整故障树，具体见图4-3-5。

最后，将事件故障树转化为区域故障树，通过底事件分析找到对应的底事件区域，不同底事件可能对应同一区域，因此要对保卫区域进行化简，确定最小割集（即为防止破坏引起核材料泄露事件的发生，需要保护最少的所有区域），得到最终需要保护的区域。

4.4　本章小结

本章对核材料、核设施以及核燃料循环进行了简单介绍，介绍了国内外法规对于核材料和核设施实物保护分级的要求。确定保护对象是实物保护设计的基础，只有明确了保护对象才能确定要保护什么。确定保护对象可以通过列表分析法和故障树分析法，列表法可用于固定场所核材料的被盗，或者简单设施在生产过程中的核材料被盗或关键部件遭破坏；故障树分析法是以逻辑图为基础的结构严谨的分析方法，可用于确定复杂系统和设施中的核材料被盗或关键部件遭破坏事件的保护目标和要害部位。

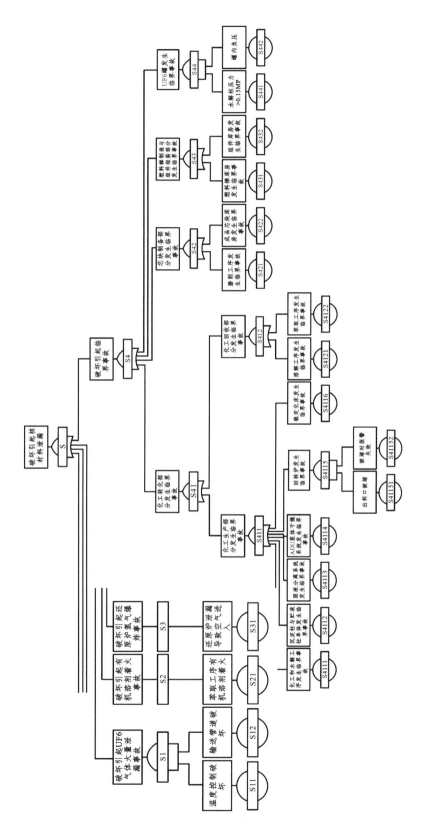

图 4-3-5 破坏引起核材料泄露事件为目标的故障树完整图

PART FIVE

第 5 章

实物保护分区与实体屏障

核设施的实物保护区域实行分区保护和管理，根据核材料和核设施的类型和重要程度，划分为控制区、保护区、要害区，三区呈纵深布局。屏障就是在敌手可能的入侵路径上设置障碍，增加敌手在被探测到后的作业时间，从而给反应提供足够的时间。控制区、保护区、要害区的区域周界应连续，构成相互独立、完整的实体屏障，达到纵深防御及均衡保护的目的。

5.1 实物保护分区

实物保护系统的主要作用是防止核材料被擅自转移或重要目标被破坏引起放射性释放。根据核材料及核设施的类型和重要程度，核设施内可能包含不同类型的区域，这些保卫区域通过各自的保护层而在物理上分开。实物保护相关标准中根据核材料和核设施的实物保护等级，对固定场所实物保护区域实行分区保护与管理，包括控制区、保护区和要害区。实施一级实物保护的核设施应设控制区、保护区和要害区；实施二级实物保护的核设施应设控制区和保护区；实施三级实物保护的核设施应设控制区。各区以各自的周界实体屏障划定界限且呈环状纵深布局。从外向内，依次是控制区、保护区和要害区，保护级别依次提高。要害区处于保护区内，保护区处于控制区内。一个控制区内可包含一个或多个保护区，一个保护区内可包含一个或多个要害区。

分区时除了需要满足标准要求外，还需要兼顾设施实际运行需求。既不能将过多不必要的设施纳入保卫区域，以控制进入被保护区域的人员数量，又要便于设施的正常生产（物料运输），同时适当考虑实物保护出入口值班需求等。

控制区是任何采取具有明显界线、出入受到控制的区域，所有进出该区的人员或车辆都应受到控制，能够隔离外部人员接触区域内的核材料。

保护区周界设置实体屏障以及入侵探测与复核系统，可以及时探测到外部人员非法进入保护区而接触到核材料的行为。周界要采取有效的出入口控制措施，进入保护区的车辆、人员和物品应当接受检查，只有授权的人员、车辆、物品和材料才能进出保护区，防止人员、车辆擅自进入和带入违禁物品或转移核材料。被批准进入保护区的人数应当保持在必要的最低限度，应当最大程度地限制车辆进入保护区，并将车辆限制在指定的停车区域。

要害区位于保护区内，是在保护区内再提供一个具有附加保护层的区域，具有周界延迟、入侵探测与复核、出入口控制等功能。

5.2 实体屏障

5.2.1 实体屏障的功能

实体屏障是指用于实物保护保卫区域周界的栅栏、围墙或能提供入侵延迟和辅助出入控制的类似障碍物。实体屏障的基本作用是区域隔断、延迟入侵。

1. 区域隔断

实体屏障是一种空间隔断结构，用来围合、分割或保护某一区域。生产、使用和贮存核材料的固定场所，要建立永久性的实体屏障，用以对人员和车辆起到警示和阻隔的作用。

2. 延迟入侵

实体屏障作为实现实物保护系统延迟功能的主要措施，用来增加敌手的作业时间，从而给反应部队到达现场并做出反应提供所足够的时间。延迟措施一般一层一层地布置在核材料或核设施的周围，用以构成严密、平衡、纵深的防御体系。同时，为了有效地拦截敌手，应考虑延迟措施和探测系统相互靠近安装，并且探测措施位于延迟措施之前，报警之前的屏障无法起到有效延迟作用。在发生外部入侵时，实体屏障与入侵探测和反应措施相配合，及时探测、延迟和抵御敌手。

5.2.2 实体屏障的分类

实体屏障可分为天然屏障和人工屏障两大类。天然屏障是指能够阻止进入、妨碍穿越、遮挡视线等的自然屏障，如山谷、丘陵、河流、丛林、沙漠等自然地形地貌以及植被。人工屏障是指建筑景观、建（构）筑物等人工设计建设的，可以阻止进入、防撞、防爬、防破坏等的屏障，如护城河、绿化带、围栏、栅栏、建（构）筑物本身以及相应的墙体、大门等。实物保护系统中的实体屏障主要指人工屏障，根据实体屏障的应用场所，可分为周界屏障、出入口屏障、重要部位实体屏障。

5.2.2.1 周界屏障

周界屏障是构成实物保护最外围的保护层，用于阻止未经批准的人员进入某一区域，通常采用栅栏或实体围墙。

栅栏具有较强的通透性，可以透过栅栏看到另一侧的人和物体。栅栏一般由耐蚀镀锌钢丝或高强度喷塑钢丝制成，为确保栅栏的强度和延迟功能，实物保护相关标准中对钢丝直径、栅栏网孔边长、网孔面积等都提出了要求。目前应用较多的是编织网和密网，如图 5-2-1 所示。编织网采用菱形网格，由钢丝编织连接成一体，具有弹性，可吸收冲击。密网外观平整不易变形，其网孔尺寸可以做到很小，没有任何锚固点也没有徒手攀爬的地方，具有很强的防剪断、防攀爬性能。

图 5-2-1　编织网和密网

实体围墙由砖、石、混凝土、钢材或它们的组合构成。围墙按照材料的不同，可分为砖砌围墙、混凝土围墙等。由于实体围墙不具有任何的通透性，会遮挡视线，因此在设计和建造中应避免出现利于入侵者藏匿或掩蔽的场所。

周界需要考虑防止车辆撞入，因此，在部分临近道路、有可能或容易被敌手利用车辆闯入周界的区域，还需要采取防止车辆撞入的措施。当有防止车辆撞击、抗爆炸袭击的要求时，实体屏障应选择高强度、高硬度的材质材料。防车辆闯入的措施包括沿栅栏或围墙敷设一圈防撞钢缆，围绕周界外侧或内侧修建一圈沟渠或挡土墙，增加各种车辆屏障（见图 5-2-2）等。

图 5-2-2　几种车辆屏障

5.2.2.2　出入口屏障

出入口屏障包括出入口通行人员门、车辆门，以及设置在出入口的用于防止车辆强行闯入的车辆抗撞装置。出入口通行门用于允许获得授权的人员和车辆出入实物保护区域，阻止未获得授权的人员和车辆出入该区域。出入口人员通行门和车辆通行门应分别设置。

出入口屏障与周界屏障一起，形成封闭、完整的周界实体屏障。出入口通行门作为实体屏障的组成部分，至少应具备与邻近的周界屏障相同的抗穿透能力。任何车辆门、人员门的门栓、门锁及门扇链接部位等不应该成为外部人员入侵的薄弱点。出入口通行门要与邻近周界屏障相衔接，防止出现绕行、潜行。在周界屏障外侧和车辆入口处，以及在固定场所与公共交通接壤的地段，应根据需要和具体情况，设置车辆屏障、车辆弯道、车辆减速装置、车辆栅门和警示标识等，防止外来车辆闯入实物保护区域。

常用的人员通行门包括电控门、三叉旋转门、速通门、全高旋转栅门等，常用的车辆门包括电动伸缩门、电动滑门、电动折叠门和车辆抗撞装置等，各种门的特点和应用见本书 8.3 节 "出入口通道执行机构" 部分。

各实物保护区域出入口车辆通行门在满足车辆通行要求的前提下，不宜设计过宽。在设计和建造出入口通行门时，应对现场的地形、气候、周边环境以及出入实物保护区域的人员和车辆流量作全面的调查和分析，以确定符合实际需要的方案。

5.2.2.3 建筑物屏障

建筑物屏障是指重要部位的墙、顶板、底板、门、窗和管道等。重要部位是保护目标所在的位置，如核材料储存库房、保卫控制中心、乏燃料厂房、制卡室、核材料数据库机房等。

设施中常见的墙体类型包括钢筋混凝土、砖墙、金属板等，如果使用合适的工具，大多数的墙壁是能够被突破的。坚固的墙体能显著延迟抵御利用手动、电动或热切割工具穿越的延迟。要求重要部位的建筑物应六面坚固，其延迟能力不低于 20 cm 厚的钢筋混凝土层；建筑物上的普通门、窗，应加钢筋格架或不锈钢管栅栏进行保护。

与实物保护有关的门的性能要求主要包括防盗、防弹、防爆。防盗门是防盗安全门的简称，兼备防盗和安全的性能。按照《防盗安全门通用技术条件》（GB 17565—2022）的规定，门的防盗安全级别共分为 1 级 ~ 5 级，如表 5-2-1 所示。

表 5-2-1　防盗安全级别与性能要求

防盗安全级别	破坏工具	钢板厚度/mm			净工作时间/min	防盗锁具
		门扇面板	门框	下框（不锈钢）		
5	普通手工、便携电动、专业便携电动	≥3.0	≥3.0	≥2.0	≥30	GB10409-2019 中防盗保险柜锁
4	普通手工、便携电动	≥1.0	≥2.0	≥1.2	≥20	GA/T73-2015 中 B 级及以上或 GA374-2019 中 B 级及以上
3	普通手工	≥1.0	≥2.0	≥1.2	≥15	
2	普通手工	防护≥1.0 非防护 ≥0.8	≥1.8	≥1.0	≥10	GA/T73-2015 中 A 级及以上或 GA374-2019 中 A 级及以上
1	普通手工	≥0.8	≥1.5	≥0.8	≥6	

对于一些特殊保护目标，门体和窗户需要具有防弹能力，中弹部位不应出现穿透现象，且受冲击玻璃背面无碎片剥落。

核电厂的核岛厂房，有一些门要求具有防爆性能，当发生外部爆炸时，安保门应能承受一定的空气冲击波。安保门在遭受外部爆炸引起的冲击波的冲击后，应不失去执行其本身安全功能的能力，不应被穿透。

一些重要物资库房可能会用金库门，金库门是具有较高防破坏能力的专用门。根据金库门的发展，按照门扇的开启方式可分为单扇平开金库门、双扇平开金库门。金库门最重要的性能是抗破坏性能，破坏方式包括使用普通手工工具、便携式电动工具、专用便携式电动工具、火焰切割工具以及爆破手段。根据国家标准《金库门通用技术要求》（GB 37481—2019），金库门按抗破坏性能由低至高分为 M、A、B、C、D、E 六个防护级别。其中，M、A、B、C 四个级别的使用工具是一致的，而 D、E 两个级别是在其余四个级别基础上增加了爆炸物破坏手段。

表 5-2-2　金库门防护级别

级别	M	A	B	C	D	E
净工作时间/min	15	30	60	120	120	180
破坏用工具	普通手工工具、便携式电动工具、专用便携式电动工具、磨头、割炬、专用便携式千斤顶、冲击工具、助熔棒				普通手工工具、便携式电动工具、专用便携式电动工具、磨头、割炬、专用便携式千斤顶、冲击工具、助熔棒、爆炸物	

5.2.2.4　临时配制屏障

临时配制屏障可根据指令阻止或延迟敌手达到其目的，一般包括控制装置、配料设备等。可临时配制的材料平时以压缩态形式储存，通过化学反应或物理反应膨胀到有效的阻拦状态，如化学烟雾、坚硬的聚氨酯泡沫、黏性的热塑材料泡沫、稳定的含水泡沫等。

临时配制屏障要求可快速部署，且不应对设施生产运行和人员、材料产生影响，一般就近设置保护目标附近，最大限度地提供纵深保护。

5.2.3　实体屏障设计原则与要点

5.2.3.1　设计原则

1. 依据实物保护等级及设计基准威胁

实物保护等级及设计基准威胁是设计实体屏障时必须考虑的两个重要因

素。不同实物保护等级的核设施有不同的保护要求，应做不同的屏障设计；实物保护等级相同的核设施，针对不同的设计基准威胁，系统的防卫能力应有所不同。实体屏障作为执行实物保护延迟功能的重要措施，要与设计基准威胁中描述的敌手的攻击相适应，提供适当的延迟能力。典型的例子是，如果设计基准威胁中有车辆，则屏障需要考虑防车辆闯入的功能；如果有爆炸物，要考虑建筑物或门的抗爆能力，并且设置爆炸物检查装置，防止将爆炸物带入设施。

屏障设计时应考虑敌手的目的和入侵方式，对于以偷盗核材料为目的的外部威胁，如果敌手在进入设施时采用了破坏的方式穿过屏障，那他在离开设施原路返回时这些屏障就不会起到延迟作用；如果敌手在进入设施时采用欺骗、尾随等方式，在离开设施时这些屏障还能起到相应的作用。对于以引起释放性后果为目的的亡命徒，只有敌手在进入设施方向上的屏障能起到延迟作用。有些屏障，例如紧急出口，对试图从外面进来的人可以起一定的延迟作用，但由于安全方面的要求，此类屏障允许人们从里面迅速离开，因此对于内部敌手具有很小的延迟。

2. 纵深延迟，均衡设计

纵深延迟是在敌手所有可能经过的路径上设置不同类型的多层屏障，使敌手的进攻更加复杂。对重要的材料和设施，要设置多重屏障，且入侵者必须逐一攻克这些屏障才能接触、攻击到目标。

均衡设计理念保证所配置的各种屏障能提供相同或相似的延迟。实物保护区域的实体屏障须环绕、封闭整个被保护区域，应确保实体屏障的均衡、完整、可靠，提供相同或相近的延迟能力，避免存在漏洞、隐患和薄弱环节，使敌手从任何方向、路径入侵都有相同程度的延迟。同一区域的屏障，不同区域的屏障应确保独立、完整，避免相互搭接。

3. 与探测、反应相结合

实体屏障实现实物保护系统的延迟功能，只有探测并经过复核确认有真实入侵时，才能通知反应力量出动并制止入侵行为，因此在探测之前的屏障无法起到有效延迟作用。例如，核材料库房的墙体、门非常坚固，其外围无探测复核措施，仅在库房内设置入侵探测措施，那么入侵者可能花几天甚至更长的时间一点点地破坏墙体或在地下挖沟道进入库房，当他进入库房时才被探测到，才会有反应人员出发去作案现场，那么很坚固的墙体根本无法起到延迟作用。

为抵御外部敌手威胁，应在保护对象外围的周界设置探测而不是在建筑物内，这样可以增加探测后的警卫部队的反应时间。为了及时确定敌手的位置，增大敌手被反应部队截住的概率，应考虑在探测系统之后设置屏障，这样，敌手的入侵行为被探测到之后能立即碰到屏障。

5.2.3.2　周界实体屏障设计要点

1. 一般要求

周界实体屏障设计是指针对保护对象外围各保卫区域周界所进行的设计，是实物保护纵深设计的外围防线，包括控制区周界、保护区周界和要害区周界。实体屏障须环绕、封闭整个被保护区域。

在总平面规划及总体设施布局设计时，根据保护对象所在的位置或其所在建（构）筑物及其场地条件进行周界实体屏障设计。根据周界地形环境（如山坡、河道、涵洞、桥梁、管廊等）选择最合适的实体屏障形式，并满足均衡防护的要求。实体屏障可适当结合天然屏障进行设置，同时，根据使用环境、使用年限等要求，选择不同的材质材料、表面处理工艺等。

周界实体屏障作为保护对象的外围防护手段，其功能包括防攀越（徒手或借助工具）、防穿越（剪切、撞击、钻孔、挖掘、爆破等破坏实体屏障）、防窥视（信息、情报等泄露）等。实体屏障应选用无着力点、无支撑点、无抓握点的结构形式，以有效提高防攀越能力。屏障两侧不得有利于攀爬的物体和设施，如立杆、树木、建（构）筑物、路灯杆、电线杆等。

各区周界实体屏障之间应保持一定的距离。屏障与保护对象的距离，应综合考虑入侵行为和反应处置的路径与时间的关系。有防爆安全要求时，应根据爆炸物的种类、当量、爆炸破坏力等进行计算，设计实体屏障与保护对象间适宜的安全距离。

屏障要建造在硬质或夯实地面上。一方面要满足屏障自身的稳固要求，另一方面要防止入侵者从屏障下方挖通道的方式穿越。如果出现砂石松软、土壤迁移和地表易积水等情况，首先要对地面进行处理，使地面固化或铺设混凝土底座。

穿越周界的河道、涵洞、管廊等孔洞是容易被忽略的薄弱点。因此，在管道与屏障的交汇点，需采取加固、栓锁、栅栏等保护措施，避免屏障整体的延迟能力因此类交汇点薄弱而下降。屏障下方若有人员可通行的水渠、涵洞或管沟，则在允许水流通过的条件下，应以钢筋格架等阻隔；在无水流的凹陷地面，应将地面填平、夯实，或以钢轨、砖石或栅栏等封堵。

2. 具体要求

实物保护相关标准中对控制区、保护区、要害区周界实体屏障的形式、高度、屏障之间以及与建构筑物的距离等提出了具体要求。

（1）控制区。

控制区周界实体屏障可采用栅栏型或墙体型，为防止人员攀爬，要求垂直部分有效高度不应低于 2.5 m。若采用墙体型屏障，墙体厚度不应小于 200 mm。在栅栏两侧应有一开阔地带，宽度不小于 6 m。在此地带内不应有植被、垃圾、建筑物及其他有可能阻挡观察、报警复核的物体。任何车辆不得在此地带内行驶或停泊。

（2）保护区。

保护区周界实体屏障一般采用包含隔离带的双层屏障。隔离带是指双层屏障之间的无障碍区域，没有便于入侵对象借助进入的构筑物或其他设施，没有视线遮挡，一般用于巡逻和观察、延迟、阻挡入侵行为。为了确保隔离带范围视线清晰，通常保护区周界实体屏障采用通透性较强的栅栏。

为满足隔离带内连续探测和周界防跨越，隔离带宽度不宜小于 6 m，外层垂直部分有效高度不应低于 1.5 m，内层垂直部分有效高度不应低于 2.5 m，在隔离带内应地势平坦，防止积水，且不得堆放杂物，不得有植被、杂草、垃圾及建筑物。

（3）要害区。

要害区周界实体屏障可以设置独立的栅栏，保护区内的建筑物自身可以构成要害区的屏障，也可与邻近的栅栏或围墙相衔接，共同组成要害区屏障。自身构成要害区屏障的建筑物必须六面坚固，其墙体、地板、顶板应具有一定的延迟能力，外墙上的门、窗须采取相应的加固措施，具有与墙体等效的强度。

5.3   本章小结

本章对实物保护分区和实体屏障设计进行了介绍，分区是为了对不同保护等级的目标实施不同水平的防护，对重要设施进行多重重点保护。实体屏障是各保卫区域的分界，对于敌手的入侵行为起到有效延迟作用，是组成实物保护系统的重要因素。应依据纵深防御、均衡保护原则，结合场址环境进行合理设计实体屏障。

PART SIX
第 6 章

入侵报警系统设计

入侵报警系统是实物保护系统的重要组成部分，主要利用传感器、电子信息等技术来探测人员或车辆非法入侵保护区域并产生报警信号。入侵报警系统通常由室外和室内入侵探测器、报警控制器、报警管理和报警传输等设备组成。入侵报警系统的设计者应非常了解被保护设施的运行、物理和环境特征，熟悉常用的入侵探测技术，掌握每种探测器的工作原理、优缺点以及探测器与入侵者、环境等的相互作用。

6.1 入侵报警系统概述

6.1.1 入侵报警系统的功能

入侵报警系统是用探测器对重要地点和区域进行布防，及时探测非法入侵，并且在探测到有非法入侵时，系统能及时确定并记录入侵的时间、地点，同时通过报警设备发出报警信号，及时向有关人员示警。入侵报警系统的基本功能包括探测报警、报警显示、报警处理、记录与查询、报警复核等。

1. 探测报警

实物保护系统的一系列功能都是在探测的基础上进行的，只有探测到入侵者，才能进行下一步的响应行动。入侵报警系统应能对入侵者不同的入侵行为（跑、走、爬行、跳、滚、攀越周界围栏或隔离区域，打开门、窗、接触重要设备等）进行准确、实时地探测并发出报警信号。

2. 报警显示

报警显示能够向警卫人员显示来自设施各处的入侵探测器发出的报警信号，当同时发生多个报警时，系统能依次接收并显示多个入侵探测器的报警信号，高优先级别的报警信息需要优先显示，便于警卫人员处理报警信息并做好应对准备。能够对报警事件进行分类、分级并区分显示，对系统的正常状态、入侵报警状态、防拆报警状态、故障状态、布撤防状态以及报警发生的时间、位置信息给出指示。

3. 报警处理

各种类型的探测器分布在不同的场所，由于真实入侵、设备故障、环境噪扰等原因会产生较多的报警，值班人员需要远程对这些报警进行各种处理操作，因此，要求系统能够对单个或多个报警信息进行确认、处理、消除，可以定义事件报警及联动关系。能方便地执行探测器布防/撤防，所有的设置和操作只有授权人员可以进行，以更好地保护系统不被非法人员利用。

4. 记录与查询

为方便后续对入侵事件进行查询，系统应能记录布防、撤防、报警、故障、维修、配置参数修改及操作人员等事件的关键信息，并且能在一定程度上保证记录数据的安全性与原始性，具有事后查询和打印输出功能。

5. 报警复核

复核是指由警卫或电子系统确定报警起因和威胁程度，为了确认报警产生的原因，报警必须经过复核，通过音频、视频等显示现场情况，以确认报警是否由未经授权的行为引起。入侵报警系统需要具有联动视频或音频系统的软件或硬件接口，在接收到报警信息时，能根据预定设置自动调用相关音视频设备进行复核。

6.1.2 入侵报警系统的构成

入侵报警系统通常由前端设备、传输设备、报警处理/控制设备和显示/记录设备等组成，所有组件协同工作，对入侵行为产生报警信号并将报警信息展示在保卫控制中心。

－ 前端设备主要是各种类型的入侵探测器，用于探测人员、车辆或其他物体的进入行为。这是入侵报警系统的触觉部分，相当于人的眼睛、鼻子、耳朵、皮肤等，感知现场的温度、湿度、气味、能量等各种物理量的变化，并将其按照一定的规律转换成电信号。

－ 传输设备包括信号转换设备（如光端机）、传输线缆等，用于将前端设备产生的信号实时、可靠地传送到后端的控制、显示和记录设备。

－ 报警处理/控制设备主要是报警控制器，用于接入、逻辑处理、传送报警信号，对一个或多个探测器的信号进行处理和判断，产生报警信号、状态信号等并传输至控制中心，同时也可接收控制中心的控制指令。报警控制器一般包含信号输入、信号输出、通信等接口。

－ 显示/记录设备主要是报警管理服务器、工作站、显示设备等，用于接收、实时显示并记录前端探测器的状态、报警等信息，供警卫人员使用，同时人员可通过远程操作对前端探测器、报警控制器等进行设置。

入侵报警系统的典型系统架构如图 6-1-1 所示。

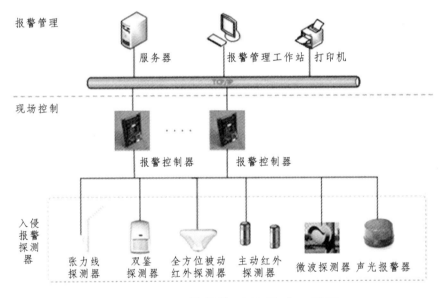

图 6-1-1　入侵报警系统组成示意图

6.1.3　入侵报警系统的基本概念

1. 探测区域与防区

探测区域是指在一个或多个入侵探测装置监视下的体积空间或表面区

域，当该空间或区域出现了触发探测器报警的条件时，入侵探测装置将产生报警信号。理想的探测区域是一个能完全围住受保护目标的区域，使得来自地面、空中、水下或地下的各种入侵均能被探测到。如果在需要警戒的范围内有探测器未能覆盖的区域，则称之为盲区。

探测区域如果很大，将导致发生报警时无法定位到具体的报警地点，同时，也不利于测试、维修、报警复核及反应，因此，人为地将探测区域划分为多个小区域，也就是防区（探测段）。防区作为报警显示的最小单位，在发生报警时，以适当的方式在控制设备上显示报警区域或部位，有利于警卫人员快速复核现场情况。

2. 报警响应时间

报警响应时间是指从探测器探测到入侵活动后产生报警状态信息，到控制设备接收到该信息并发出报警信号所需的时间，报警响应时间越短越好。

3. 设防与撤防

设防也叫布防，是使系统的部分或全部防区处于警戒状态的操作，撤防是使系统的部分或全部防区解除警戒状态的操作。设防和撤防是入侵报警系统的常用操作，这两种状态应有明显不同的显示，系统可以采用自动设防，但不应采用自动撤防，同时要求紧急报警装置 24 h 设防。

4. 安全等级

根据国家标准《入侵和紧急报警系统技术要求》，入侵和紧急报警系统按照保护对象面临的风险程度和对防护能力差异化的需求，分为四个安全等级。等级 1 是低安全等级，入侵者或抢劫者基本不具备入侵和紧急报警系统知识，且仅使用常见、有限的工具；等级 2 是中低安全等级，入侵者或抢劫者仅具备少量入侵和紧急报警系统知识，懂得使用常规工具和便携式工具（如万用表）；等级 3 是中高安全等级，入侵者或抢劫者熟悉入侵和紧急报警系统，可以使用复杂工具和便携式电子设备；等级 4 是高安全等级，入侵者或抢劫者具备实施入侵或抢劫的详细计划和所需的能力或资源，具有所有可获得的设备，且懂得替换入侵和紧急报警系统部件的方法。

6.2 入侵探测器的选型和布置

6.2.1 入侵探测器的分类

采用不同技术原理的传感技术和器件，可以组成不同类型、不同用途的探测装置。探测器的类型多种多样，对其分类有助于对探测器总体的认识和掌握。入侵探测器通常可按应用场所、传感器种类、工作方式、警戒范围等来分类。

1. 按应用场所分类

按用途或应用场所划分，探测器可分为室外入侵探测器和室内入侵探测器。室外探测器是在室外环境中使用的探测器，室内探测器是在建筑物等室内环境使用的探测器。

2. 按探测原理或传感器种类分类

按探测器的工作原理或传感器种类划分，也是按传感器探测的物理量来区分，通常有磁开关探测器、振动探测器、超声入侵探测器、红外入侵探测器、微波入侵探测器和视频移动探测器等。探测器的名称大多是按传感器种类来命名的。

3. 按工作方式分类

按探测器的工作方式划分，可分为主动式入侵探测器和被动式入侵探测器两种。

主动式入侵探测器在工作时向探测现场发出某种形式的能量，经反射或直射在接收传感器上形成一个稳定信号，当出现入侵情况时，接收信号的能量发生变化，经处理发出报警信号，如图 6-2-1（a）所示。例如，微波入侵探测器，由微波发射器发射微波能量，在探测现场形成稳定的微波场，当移动的物体入侵时，稳定的微波场便遭到破坏，微波接收机接收这一变化后，即输出报警信号。所以，微波入侵探测器是主动式探测器。主动式探测器的发射装置和接收传感器可以在同一位置，如多普勒微波入侵探测器；也可以在不同位置，如对射式微波入侵探测器、对射式红外入侵探测器。

被动式入侵探测器在工作时无须向探测现场发出信号，而是依靠对被测物体自身存在的能量进行检测，如图 6-2-1（b）所示。例如，被动红外入侵探测器是利用热电传感器能检测被测物体发射的红外线能量的原理，当被测物体移动时，把周围环境温度与移动被测物体表面温度差的变化检测出来，从而触发探测器的报警输出。

与被动式入侵探测器相比，主动式入侵探测器由于其信号较强，受环境的影响更小，因此，在相同的环境中，主动式入侵探测器通常比被动式入侵探测器具有更少的噪扰警报。但是，被动式入侵探测器由于自身不发射能量，不容易被探测到，具有隐蔽性，这可以使入侵者处于不利的境地。在具有易爆炸气体或易爆炸物质的环境中，被动探测器较主动探测器更加安全，因为它不会发出引起爆炸的能量。

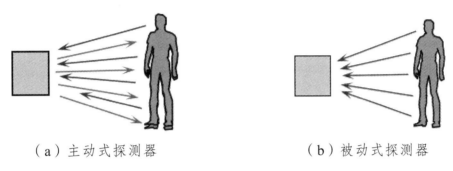

（a）主动式探测器　　　　　　　　（b）被动式探测器

图 6-2-1　主动式探测器和被动式探测器

4. 按警戒范围分类

按警戒范围划分，可分为点型探测器、线型探测器、面型探测器和空间型探测器。

点型探测器的警戒范围仅是一个点。当这个点的警戒状态被破坏时，即发出报警信号，如安装在门窗、柜台、保险柜的磁开关探测器、报警按钮等。

线型探测器的警戒区域是一条直线，当入侵者干扰这条探测线时，即发出报警信号。如对射式红外探测器、对射式激光探测器，红外源或激光器发出一束红外光或激光，被接收器接收，当红外光或激光被遮挡，探测器接收端即发出报警信号。入侵者在接近探测线时，不会被探测到，只有当入侵者穿过该探测线时，才会被探测到。线型探测器的探测区通常容易被人发现和避开。

面型探测器的警戒范围是一个面，当警戒面上产生异常时，即发出报警信号。如振动入侵探测器安装在一面墙上，当这个墙面上任何一点受到振动时，探测器即发出报警信号，如图 6-2-2（a）所示。

空间型探测器也称场型探测器，其警戒范围是一个空间，当入侵者从任何方向进入该空间时就发出报警信号。场型探测器的检测空间通常不可见，因此入侵者难以察觉，比如微波入侵探测器、被动红外入侵探测器、微波/红外复合入侵探测器等。

（a）面型探测器　　　　　　　　　（b）空间型探测器

图 6-2-2　面型探测器和空间型探测器

5. 按安装方式分类

按安装方式划分，可分为隐蔽式和可见式，视线型和地形跟随型。

隐蔽式探测器安装后不可见，例如埋地探测器，如图 6-2-3（a）所示。可见式探测器是入侵者能清晰地看得见的探测器，例如附着在栅栏上或安装在支撑构件上的探测器，如图 6-2-3（b）所示。入侵者较难察觉隐蔽式探测器，也不易测定其位置，因此这类探测器的有效性更高。当然，可见式探测器具有更高的威慑作用，可以使入侵者不敢贸然行动。同时，可见式探测器的安装一般较隐蔽式探测器更简单，并且较容易安装和维护。

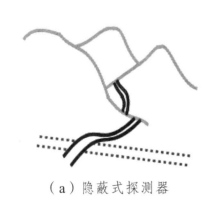

（a）隐蔽式探测器　　　　　　　　（b）可见式探测器

图 6-2-3　隐蔽式探测器和可见式探测器

视线探测器[图 6-2-4（a）]只能安装在其探测空间内无视线障碍的地方。

这类探测器通常要求地面平坦，或者至少要求地面上的每个点与发射器和接收器之间无视线障碍。若要在地面起伏不平的地方使用视线探测器，则为了能取得满意的效果，需要平整场地。典型的视线传感器包括主动红外探测器，激光对射探测器等。地形跟随探测器[图 6-2-4（b）]在平坦地形与不规则地形上都可以使用。发送器元件和发射场都顺着地形走，因而可在整个探测区内产生相同的探测效果。典型的地形跟随探测器有埋地电缆探测器。

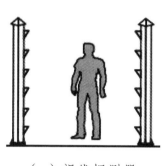

（a）视线探测器

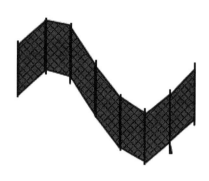

（b）地形跟随探测器

图 6-2-4　视线探测器和地形跟随探测器

6.2.2　入侵探测器的性能指标

探测器的性能指标主要包括探测概率、误报警、噪扰报警、易失效性、探测范围、探测灵敏度等。

1. 探测概率 P_D

探测概率是指探测单元在传感器覆盖区域内探测到入侵活动的概率。这是入侵探测系统的重要指标，其数值是因非法入侵而报警的次数与非法入侵总次数的比值，即：

探测概率=非法入侵而报警的次数/非法入侵总次数×100%

对于理想的探测器，探测概率为 1.0，即能检测 100%的入侵行为，然而，没有一个传感器是理想的，因此探测概率总是小于 1.0。探测概率主要取决于被探测的对象、探测器自身的设计制造、安装条件、灵敏度调节、天气和其他环境条件以及设备状况，这些条件均不是固定不变的，因此不可能说某一个或某一组探测器一定有一个具体的探测概率。

探测器自身的特点、安装方法、灵敏度调节、安装环境会对探测概率产生很大影响，同时探测概率也与威胁的能力和携带工具有关。随着设备使用年限和环境条件的变化，探测概率也会发生变化。

2. 误报警和噪扰报警

传感器被触发或激活后发出的报警可能是真实报警，也可能是误报警或噪扰报警。

误报警是指由传感器设备内部产生尚未查明的报警，比较常见的是设备故障引起的报警。产生误报的原因非常复杂，除了器件质量不过关、设计不当和施工工艺不规范等因素，一些偶发概率性事件也会导致误报。误报警率通常表示为一段时间内误警报的平均值，例如，每小时一次警报、每天一次警报或每周一次警报。

噪扰报警是由已知的外部因素引起传感器发出的报警，例如，风、雨、闪电、打雷等环境因素引起的报警，或者猫、狗、鸟等小动物引发的报警。噪扰报警率是指单位时间的噪扰报警次数。

探测器应具有一定的抗干扰功能，以防止出现各种错误报警现象，比如，小动物骚扰、因环境条件变化而产生的干扰。在理想情况下，误报警率和噪扰报警率应该是0。然而，在现实中，所有的探测器都会受到周围环境的影响，探测器无法区分在其探测区域内发生的是入侵还是其他事件，这就是需要报警复核系统的原因，因为并非所有的探测器报警都是由入侵引起的。

室外探测器噪扰报警常见来源是植被（树木或杂草）、动物（鼠类或鸟类）和天气因素（风、雨、雪、雾、闪电），以及地面振动、电磁干扰、核辐射、声热影响、光学效应、化学暴露等。室内环境相对单一，探测器噪扰报警会少很多。通过关注报警原因、降低报警灵敏度或使用有助于过滤噪扰报警的技术，可以减少噪扰报警。减少噪扰报警的方法有以下几种：第一种是减少报警源，比如，被动红外探测器不要安装在温度经常变化的区域，探测范围附近不要有易晃动的植被，在授权人员经常活动的区域屏蔽报警。第二种是降低单个探测器的灵敏度，但是应当确保灵敏度的降低不会将探测概率降低到不可接受的水平。第三种是选择可以过滤掉一些噪扰报警的技术，例如，使用双技术探测器，即使用两种不同的传感器技术，通常配置为"与门"逻辑，只有两个传感器都被激活才产生有效报警。但是，当两个传感器"与门"

逻辑组合时，组合传感器的探测概率将小于单个传感器的探测概率。

3. 漏报警

如果入侵行为确实已经发生，而系统未能做出报警响应或指示，则称为漏报警。实物保护的三个基本要素（探测、延迟、反应）要相互协调，否则，系统所选用的设备无论怎样先进，系统设计的功能再多，都难以达到预期的防范效果。而入侵报警系统是实现探测功能的一个重要子系统，如果探测不起作用，发生入侵行为时不报警，控制中心就无法及时响应，也就达不到防范的目的，因此，要求系统不得有漏报警。

理想的探测器是不会失效的，但现实的所有探测器都会有失效的可能。不同类型的探测器具有不同的漏洞或失效方法，实物保护系统设计的目标是使该系统极难失效。设计中可使用不同技术原理的多个互补探测器进行综合设计，使敌手难以使用相同的击败方法同时击败几种探测器，从而增加击败系统的难度，增强系统整体性能。

4. 探测范围

探测范围通常用探测距离、探测面积、探测体积、探测视场角等来表示。例如，某对射式红外探测器的最远探测距离为 100 m，某对射式微波入侵探测器的最远探测距离是 120 m，最大探测宽度和高度为 6 m。

5. 探测灵敏度

探测灵敏度是指探测器对防范现场物理量变化的响应能力，反映了探测器对入侵目标产生报警信号输出的响应能力。可以根据现场环境设置探测器的灵敏度，以使灵敏度的设置能满足现场实际使用要求。

6. 防破坏性

探测器自身应具有防拆、防破坏功能，在打开其防护罩时，探测器具有防拆信号输出。探测系统同时也需要具备对传输线路的监测能力，当探测器的传输线路短路或断路时，也应产生相应报警信号输出。

6.2.3　入侵探测器的选用

设计中在选用和部署入侵探测器时，应根据应用场合、现场环境、安装条件等，合理地选择和安装各种各样的探测器，尽可能地提高探测性能，包括较高的探测概率、较强的抗外界干扰能力、合适的探测灵敏度等。

常用的入侵探测器主要有微波入侵探测器、主动红外入侵探测器、被动红外入侵探测器、张力线入侵探测器、振动光纤或电缆入侵探测器、微波/红外双技术探测器、磁开关、玻璃破碎探测器。另外，还有视频移动探测器，利用图像处理技术，当检测出警戒区域内物体移动、画面变化等超过设定的安全值时，便发出报警，视频移动探测器的原理、组成与第 7 章"视频监控系统"一致，本章不再赘述。

6.2.3.1　微波入侵探测器

1. 微波入侵探测器的特点及性能

微波入侵探测器是主动、空间、视线型探测器，分为收发合置式（图 6-2-5）和收发分置式（图 6-2-6）两种。微波入侵探测系统包括微波发射器、微波接收器、信号处理、信号传输、与报警装置相连的输出单元以及电源等几部分。微波探测区的形状取决于天线的设计，大体上是一个纺锤体。

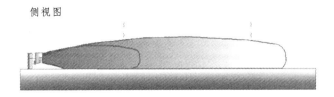

图 6-2-5　收发合置式微波入侵探测器

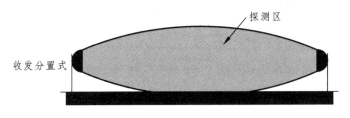

图 6-2-6　收发分置式微波入侵探测器

收发合置式微波入侵探测器的发射器与接收器装在同一个单元内。收发合置式微波入侵探测器主要用于室内封闭空间探测，在室外一般用于周界出入口或用于收发分置式微波探测器"盲区"的补盲探测。当周界出入口处的围栏末端采用微波探测器时，由于普通围栏门无法阻止微波信号，所以人员、车辆经过其探测范围时，会产生大量误报警。通过模拟各种材料的阻挡物测试，发现铁质且厚度超过 30 mm 的阻挡物屏蔽效果最佳，因此可以针对性地在多普勒探测防区覆盖段的最前端增加厚度超过 30 mm 的铁质固体阻挡物。

收发分置式微波入侵探测器主要用于周界长距离空间的探测报警，其发射器、接收器安装在不同单元内。为了减少周围的射频信号引起噪扰报警，微波束发射端和接收端的频率必须经过调制，相邻两个防区可设置成两个不同的频率。收发分置式微波探测器在微波发射器和接收器下方都有一段盲区，设计时应采取补偿措施。由于微波探测系统为视线式，在其探测区内，小丘、高出地面的障碍物以及沟和凹地等均会为入侵者提供隐蔽场所，杂草、灌木之类的物体的摇摆均有可能引起噪扰报警。

2. 微波入侵探测器的安装

微波可以穿透墙壁，这既是优点也是缺点。优点在于当入侵者穿透隔板时能被保护区域内的微波探测到；缺点在于建筑物内的微波，可以探测到在被保护区域外活动的某些人或物，从而引起噪扰报警，所以在安装微波时应特别注意其位置和方向。

室外安装微波发射器和接收器的地段应地形平整，应清除探测区内的杂草、灌木等。未拉紧的、在风中摇晃的周界栅栏以及地面上积水或溶化的雪水在风中产生的波动都可能引起微波探测器噪扰报警。因此，周界栅栏网应拉紧，且探测区的地面应有一横向坡度以利于排水。

在安装发射器和接收器时，要防止入侵者由栅栏顶部从微波束上方跳过而躲避探测。为此，应使得微波束离开栅栏一定的距离。对于 2.5 m 高的周界栅栏，通常要使微波束中心离栅栏至少 2.5 m。发射器和接收器的安装高度应根据所用微波系统的天线形式进行调整，以获得最佳的探测范围，发射器与接收器之间的距离应按照产品厂家说明书的要求以及现场的具体情况选择，一般不超过 100 m。发射器和接收器应安装牢固，其高度及方向应能自由调整，以保证两者对准。

由于微波探测器发射端和接收端的天线附近几米内有一个不能探测的区域（盲区），因此相邻两个防区的探测器微波束要有足够的相互重叠部分以消除盲区。其重叠量需要根据天线的类型以及探测器安装高度而定。从天线到开始能探测到爬行者位置之间的距离称为"偏移距离"，假定偏移为 10 m，则相邻部分必须重叠的距离为偏移距离的 2 倍，即 20 m。为减少干扰，相邻两防区在重叠区内的器件应都是发射器，或者都是接收器。每个发射器和接收器及其支柱都要处在微波束的探测范围内。对于无法实现重叠的地方（如探测段一端为建筑物），要采用其他补救的办法来消除盲区。

6.2.3.2　主动红外入侵探测器

1. 主动红外入侵探测器的特点及性能

主动红外入侵探测器是主动、可见、视线型的探测器，主要由红外发射器、红外接收器、信号处理、信号传输等部分组成。来自红外线发射二极管的红外光通过一组准直透镜发射出红外光束，在接收端由集光透镜收集，并将能量聚焦在光电二极管上，如图 6-2-7 所示。当不透光物体挡住光束时，红外探测器能探测出所接收红外线的能量损失。红外探测器使用的红外线波长约为 0.9 μm，是人眼看不见的。

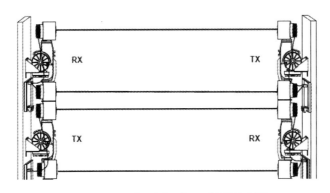

图 6-2-7　主动红外入侵探测器

大气能见度较低时，有可能阻挡红外光束并引发噪扰报警。当遇到雾、雨、雪及沙尘暴时，则可能产生噪扰报警。在这种情况下，需要将探测器的灵敏度设置在适当的范围，使其具有较低的噪扰报警率和较高的探测概率。发射器和接收器的面板上沉积的灰尘以及凝结的冰、霜等都会对红外光束起到衰减作用，因此需要及时清除。阳光照在接收器上有可能引起报警，接收器上最好安装遮光罩，防止阳光直射接收器。

由于红外探测器是视线式探测器，红外光束直线传播，因此要求地面平坦。凸形地表会挡住光束，凹形地表下方有人员通过则不会被探知到。在红外光束传播路径上的灌木、树、杂草以及积雪等都会干扰红外光束，应及时消除这些干扰因素。

2. 主动红外入侵探测器的安装

单光束红外线很容易失效或避开，因此实际应用中通常采用多光束探测器组成一道红外线墙。多光束红外探测器一般由垂直排列的一排红外线发射器与一排红外线接收器模块组成，模块的具体数量和配置方式取决于产品制造厂商。

红外光束下方的地面应能防止入侵者采用挖沟的方法进入。安装在地面上时，应保证在任何地方，其最下方的红外光束不应高于地面 15 cm，最上方的红外光束不应低于地面以上 2.5 m。为保证入侵者从其间通过时必定被探测到，束与束间的距离不应大于 20 cm。

当出现对红外光束有严重衰减的天气时，系统要能正常运行，发射器与接收器之间的最大距离一般不要超过 80 m。发射器和接收器要牢固安装，防止由于振动引起噪扰报警。为防止入侵者借助发射器和接收器的立柱从其上方越过，可在发射器和接收器的立柱上方安装压力传感装置，或者使这些立柱处于其他探测器的监控之下。

6.2.3.3 被动红外入侵探测器

1. 被动红外入侵探测器的特点及性能

被动红外入侵探测器是被动、可见和空间型探测器，其探测器及波瓣图如图 6-2-8 所示。被动红外探测器是一种热温差电偶或热电探测器，它们接收来自探测区域内热辐射的变化后，把这种辐射转换成电信号，电信号经放大后由逻辑电路进行处理发出报警。红外辐射有四个重要的特性。第一，有温度的物体会发射红外辐射。第二，红外能的传送不需要发射表面和接收表面实际接触。第三，红外线可以使接收表面温度升高，因而可以被测量温度变化的器件探测到。第四，红外辐射是人眼看不见的，人体可发射红外能，波长范围为 8 ~ 14 μm。平均来说，一个人会发出相当于 50 W 照明灯泡发出的能量。

被动红外入侵探测器的波束分为单一长圆锥形视界和多束视界两类。长的单束探测器用于保护狭长的走廊，多束探测器用于保护开阔的大区域。多束探测器的波长范围一般为 8 ~ 12 m，束宽 70° ~ 120°。单个窄束探测器的作用距离可以达到 100 m。

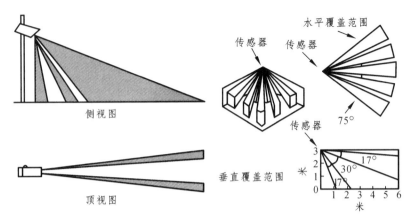

图 6-2-8 被动红外探测器探测区及波瓣图

鸟和飞虫会引起红外探测器发出噪扰报警。在探测器附近的鸟会使热敏传感器收不到来自背景的能量，趴在红外探测器透镜上的昆虫会遮住视界，如果昆虫趴在透镜上的时间足够长，也可能引起噪扰报警。

红外线不能穿过大部分建筑材料（包括玻璃），因此建筑物外的红外能源通常不会引发噪扰报警。然而，通过窗户的阳光可以使玻璃表面的局部温度升高，使玻璃表面散发出红外能，从而间接地引发噪扰报警。

2. 被动红外入侵探测器的安装

被动红外入侵探测器应安装在入侵者最有可能横穿视线地方，因为这是探测器最敏感的方向。当本底温度与人的温度差别较大时，被动红外探测器的灵敏度最高，探测范围可达 100 m。被动红外入侵探测器应远离任何有可能在其透镜前产生热梯度的热源。探测器应离开或不要对着探测器视界内的任何时断时续的热点，例如暖气片、取暖器和热水管。这些热源的辐射能会在探测器透镜的视野内产生热梯度，从而改变本底能的图案。此类热源的强度大到一定程度，这种热梯度就可能引起噪扰报警。距探测器 3～5 m 处的裸露白炽灯烧坏时或因断电而熄灭时也可能会引起报警。风刮起的垃圾、动物及鸟类均可能引发噪扰报警，应当避免将探测器设置在这些地方。

6.2.3.4　张力线入侵探测器

1. 张力线入侵探测器特点及性能

张力线入侵探测器是地形跟随、平面型的探测器，一般包括两端的固定锚柱、中间的传感器柱、带刺的金属张力线。多道与地面平行的张力线牢固固定在两端的锚柱上并拉紧，形成一道探测器栅栏。传感器柱位于两个锚柱的正中间，其内安装多个可以感知张力线移动的传感器。传感器可以是一个简单的机械开关，也可以是应变器或其他有源无源传感器。在两端锚柱和传感器柱之间，还有许多动触点的支撑柱，使张力线有更多的支撑点。

张力入侵探测器可以感知由于企图入侵所引起的攀爬、拉扯、踩踏和剪断张力刺丝的各种张力状态变化，通过分析张力变化的力度、时间等参数，从而判断围栏上是否发生了真实的入侵行为。张力线探测器具有比较高的探测概率和较低的误报率，不受雨、雪、温度变化等环境及天气条件的影响，可适用于各种环境条件。

张力线入侵探测器应用场景如图 6-2-9 所示。

图 6-2-9　张力线入侵探测器应用场景

2. 张力线入侵探测器的安装

张力探测系统可以安装在栅栏上或实体墙上，如果安装在实体墙上，可以在围墙顶部直立或倾斜安装，使用法兰和适合的膨胀螺栓进行固定。如果安装在周界栅栏上，则可以从地面垂直直立安装，为避免张力探测系统被大风刮倒、土地沉降损毁等，需要对安装位置的地面进行硬化或者采取其他防挖掘措施。

为确保张力探测器可靠地探测入侵者爬越、切割围栏的行为，张力铁丝须拉紧并分布均匀。在两端的固定锚柱和传感器柱之间需每隔 3 m 安装一个动触点支撑柱。相邻两根张力刺丝间的距离不超过 15 cm，最下方的线离地面的高度不超过 15 cm，以防止入侵者从两线之间或张力线下方穿过而不被探测。当任何一根张力线被剪断或沿垂直方向被拉开，相对原来位置最大偏离超过 15 cm 时，系统都应产生报警。

6.2.3.5 振动光纤或电缆入侵探测器

1. 振动光纤或电缆入侵探测器特点及性能

振动光纤或电缆入侵探测器是被动、地形跟随的探测器，可以是可见的，也可以是隐蔽的。振动入侵探测器的运行原理是利用对应变敏感的光缆或电缆传输一定的信号，振动或张力使得光路或电路信号发生变化引起电路导通或断开，从而产生报警信号并定位光信号或电信号发生变化的位置。

振动光纤或电缆入侵探测器一般由一根起探测作用的传感光缆或传感电缆、报警处理单元组成。传感光缆/电缆的两端与报警处理单元相连，处理器沿传感光缆/电缆发送脉冲信号，攀爬、剪切、挤压使脉冲信号发生变化，处理器通过分析接收到的脉冲信号的变化，可以定位攀爬、剪切、挤压的位置。相较电缆，光缆不受无线电波、电磁波、温度和湿度变化的影响。

振动光纤或电缆入侵探测器的灵敏度可以按布设的位置进行灵活调节，使报警阈值与实际现场环境高度吻合；可以通过软件自由划分防区，定位精度可以达到 2 ~ 3 m；通过调整处理算法，可以区分由风、雨、车辆通行等造成的干扰和人为入侵引起的真实报警。

2. 振动光纤或电缆入侵探测器的安装

传感光缆或电缆一般附设在周界围栏、墙体、覆土等承载物上，当入侵者在剪切、攀爬铁丝网围栏或者挖洞开墙时，产生振动或压力，探测器能探测到光缆或电缆的振动，并发出报警，因此这种探测器要安装在能够感知运动、振动和压力的地方。对于振动传感性较好的围栏，传感光缆的布设密度可适量降低。对于振动传感性不好的围栏，则应结合入侵行为测试，安装在最易被触碰、最能探测到振动的位置，同时布设密度可适当增加。

由于振动探测器是线型，很容易被避开而不被探测到，因此围栏两侧应没有任何人为或自然存在的树枝、岩石、建筑物等，防止入侵者攀爬进入，同时也防止树枝拍打光缆引起系统误报。

6.2.3.6 微波/红外双技术探测器

1. 微波/红外双技术探测器特点及性能

为了降低噪扰报警，双技术或多技术探测器可以作为一个比较好的解决方案，将被动红外和微波两种探测器置于同一机壳内，两种探测器以"与门"逻辑进行配置。只有微波探测器探测到入侵者的运动，同时红外探测器探测到红外能量，即两种探测器同时被激活后才发出报警，这样就可以避免来自每种技术的噪扰报警。在这种方式中，每个探测器的灵敏度可以调得很高而不易产生噪扰报警。但是，双技术探测器的总探测概率较单个探测器低。例如，如果微波探测器的探测概率为 0.95，红外探测器的探测概率为 0.95，当这两个组合后，总探测概率是两个单个探测概率的乘积，也就是 0.90。

双技术探测器探测视角如图 6-2-10 所示。

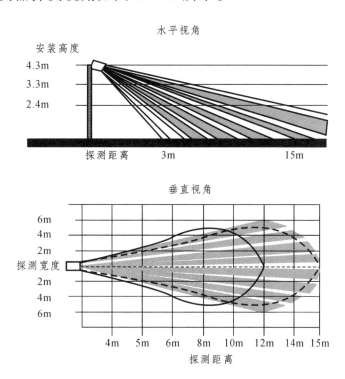

图 6-2-10 双技术探测器探测视角图

2. 微波/红外双技术探测器安装

由于微波探测器是基于多普勒原理，它对于朝着或离开探测器移动的物体的探测概率最大，但红外探测器探测物体横穿红外线视界的概率很大。因此，探测器的布置应考虑这两方面的因素，一般安装在距地 2.5 m 左右，透镜的法线方向宜与可能入侵方向呈 135°角。

6.2.3.7 振动探测器

1. 振动探测器的特点及性能

振动探测器是一种被动、可见的探测器。探测器安装在被探测的固定物体表面，感知物体表面的机械振动或冲击。入侵者对某一物体表面的打击或其他突然的冲撞会引起该表面按特定的频率振动，振动频率主要由其结构决定。振动频率与冲击工具也有关，但关系不大。探测器设计成能对与破拆和侵入有关的频率（通常高于 4 kHz）做出响应，并且可忽略建筑物的正常振动（例如空调或采暖设备发出的噪声）。

玻璃破碎探测器也是一种振动探测器，专门用于当出现接近于与玻璃破碎相关的频率时的报警，此类频率通常高于 20 kHz。

2. 振动探测器的安装

如果将振动探测器安装在能接触到外部振动的墙上或建筑物上，则可能产生噪扰报警。如果建构筑物易遭受由外源（例如旋转式机械）引起的严重振动，则不应使用振动探测器。如果建构筑物只是偶然受到冲击，则可以使用配备有脉冲累加器或计数电路的振动探测器。

振动探测器主要在被保护物体表面安装或者嵌入式安装，如预制在墙体内部，对墙体进行保护。探测器安装在不同的物体上，能提供的防护范围不一样，例如，某振动探测器的防护半径在砖墙是 3.5 m、混凝土是 1.5 m、复合板是 4 m，因此要根据保护面的材质和产品的特点进行安装。

6.2.3.8 门磁开关

1. 门磁开关的特点及性能

门磁开关主要由两部分组成：能够产生恒定磁场的磁性元件和开关元件，如图 6-2-11 所示。当磁性元件与开关元件分开一定距离时，门磁开关会产生一个电

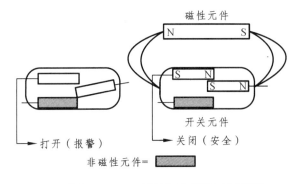

图 6-2-11　磁性舌簧开关原理

信号，并通过连接线将该信号发送至报警系统。门磁开关安装隐蔽、灵活，检测灵敏，能起到对门窗状态的检测作用。

2. 门磁开关的安装

门磁开关一般安装于门和窗上，用于监测门和窗的开启或关闭状态。安装时避免装在磁场干扰强的环境。内有磁性舌簧开关的开关元件装在门或窗的固定部分上，内有永久磁铁的磁性元件装在门或窗的移动部分上，邻近开关元件。当门或窗关着时，把永久磁铁产生的磁场调整到能使磁性舌簧开关处于闭合（安全）状态。随后打开门窗（移走磁铁）时，磁场强度减弱，开关变成断开（报警）状态。

表 6-2-1 中列出了常用入侵探测器的类型及特点。

6.3 控制指示设备的选型与配置

6.3.1 报警控制器

报警控制器能够接收、分析处理、指示记录入侵探测器的报警信号，也称控制指示设备。《入侵和紧急报警系统 控制指示设备》中，根据系统所要防范的对象，控制指示设备共分为 1 级～4 级四个安全等级，1 级最低，4 级最高。

应根据系统功能要求、防区数量、传输布线情况等选用合适的报警控制器。报警控制器一般安装在保卫控制中心、出入口、设施等室内环境，不易遭受人为破坏而且方便日后维护。

6.3.2 报警与显示设备

报警与显示设备用于接收来自探测器和控制器的信息，在设计报警与显示设备时，应该考虑以下几个问题：

（1）应向值班员显示哪些信息？

（2）应如何显示这种信息？

（3）值班员如何与系统进行沟通？

（4）设备在值班员的工作站中应如何安排？

表 6-2-1　常用入侵探测器的类型及特点

名称	适应场所	安装方式	主要特点	安装设计要点	适宜工作环境和条件	不适宜工作环境和条件	附加功能
超声波多普勒探测器	室内空间型	吸顶式、壁挂式	没有死角且成本低	水平安装，距地宜小于 3.6 m；距地宜 1.5～2.2 m，严禁对着房间的外墙、外窗。透镜的法线方向宜与可能入侵方向呈 180°角	警戒空间要有较好的密封性	简易或密封性不好的室内；有活动物和可能活动的动物，附近有金属打击声、汽笛声、电铃等高频声响	智能鉴别技术
微波多普勒探测器	室内空间型	挂墙式	不受声、光、热变化的影响	距地宜 1.5～2.2 m，严禁对着房间的外墙、外窗。透镜的法线方向宜与可能入侵方向呈 180°角	可在环境噪声较强，光变化、热变化较大的条件下工作	有活动物和可能活动的动物；微波会高频电磁场；防护区域内有过大、过厚的物体	平面天线技术、智能鉴别技术
被动红外入侵探测器	室内空间型	吸顶式、挂墙式、楼道式、幕帘式	被动式（多台交叉使用互补干扰）功耗低，可靠性高	吸顶式：距地宜 2.2 m 左右，透镜的法线方向呈 90°角；挂墙式：距地宜 2.2 m 左右，视场对面楼道；楼道式：在顶棚与立墙拐角处，透镜的法线方向宜与窗户平行	日常环境噪声，温度在 15～25℃ 时探测效果最佳	冷气流，强光照射等；背景温度接近人体等强温度；窗户内窗台较小或窗户贴窗帘安装，其他与上同；小动物频繁出没场合等	自动温度补偿技术；抗小动物干扰技术；抗强光干扰技术
微波和被动红外复合入侵探测器	室内空间型	吸顶式、挂墙式、楼道式	误报警少（与被动红外探测器相比），可靠性较好	水平安装，距地宜小于 4.5 m；距地宜 2.2 m 左右，视场对面楼道	日常环境噪声，温度在 15～25℃ 时探测效果最佳	背景温度接近人体温度，附近有金属打击声、汽笛声、电铃等高频声响；小物体频繁出没，其他与上同	双-单转换型；自动温度补偿技术；抗小动物干扰技术；防遮挡技术；智能鉴别技术
被动式玻璃破碎探测器	室内空间型，有吸顶、壁挂等	吸顶式、壁挂式	被动式；仅对玻璃破碎等高频声响敏感	所要保护的玻璃应在探测器保护范围之内，并应尽量靠近所要保护玻璃附近的墙壁或天花板上，具体按说明书的安装要求进行	日常环境噪声	环境嘈杂，附近有金属打击声、汽笛声、电铃等高频声响	智能鉴别技术

名称	适应场所与安装方式	主要特点	安装设计要点	适宜工作环境和条件	不适宜工作环境和条件	附加功能
振动入侵探测器	室内、外	被动式	墙壁、天花板、玻璃；室外地面表层物下面，保护栏网或桩柱，最好与防护对象实现钢性连接	远离振源	地质板结的冻土质或松软环境的泥土地，时常引起振动或环境过于嘈杂的场合	智能鉴别技术
主动红外入侵探测器	室内、外（一般室内机不能用于室外）	红外线、便于隐蔽	红外光路不能有遮挡物；严禁阳光直射接收镜头内；防止入侵者从光路上方或上方下方侵入	室内周界控制；室外"静态"干燥气候	室外恶劣多气候，特别是常有浓雾、毛毛雨的地域或活动出没没的场所的杂草、树叶树枝多的地方	—
遮挡式微波入侵探测器	室内、室外周界控制	受气候影响小	高度应一致，一般为设备垂直作用高度的一半	无高频电磁场存在场所；收发机间无遮挡物	高频电磁场存在场所；收发机间可能有遮挡物	报警控制设备宜有智能鉴别技术
振动电缆入侵探测器	室内、室外均可	可与室内各种实体防护周界配合使用	在围栏、房屋墙体、围墙内侧或外侧围栏上网状围栏高度的2/3处。固定间隔应小于30 m安装，预留8～10 m维护环每100 m	非嘈杂振动环境	嘈杂振动环境	报警控制设备宜有智能鉴别技术
泄露电缆入侵探测器	室内、室外周界控制	可随地形埋设，埋入墙体	埋入地域应尽量避开金属堆积物	两探测物无活动物体；无高频电磁场存在场所	高频电磁场存在场所；两探测电缆间无活动物体，无高频电磁场有易活动物体（如灌木丛等）	报警控制设备宜有智能鉴别技术
磁开关入侵探测器	各种门、窗、抽屉等	体积小可靠性好	舌簧管固定于门窗固定框上，磁铁置于门窗的活动部位上，两者宜安装在位移最大的位置，其间距应满足产品安装要求	非强磁场存在情况	强磁场存在情况	在特制门窗使用时宜选用特制门窗专用门磁开关

报警显示设计的主要任务是规定值班员界面的各种细节，例如，显示设备的类型、所要显示信息的内容和格式、相关设备信息等，显示的信息应准确、可靠，便于识别。

1. 报警指示

系统应能显示下列内容：

（1）正常状态指示；

（2）当发生外界入侵时，应同时给出声、光报警显示，还应显示报警发生的位置；

（3）各探测区域设防和撤防状态的指示；

（4）当主电源发生故障，切换备用电源时的指示；

（5）发生任何使系统无法正常运行的故障（包括自然故障和人为故障）时的指示；

（6）由电源引起系统中的任何一部分不能正常运行时的指示；

（7）发生任何使设备不能正常运行的篡改（如使探测器电路开路、短路或接地等）的指示；

（8）传输信息失败的指示。

2. 电子地图

电子地图可直观实时地显示各探测器的运行状态，包括布撤防状态、报警和故障情况，可在电子地图上直接处理发生的各类事件，如消除报警、控制动作输出等。

目前很多厂家可以根据设施情况定制电子地图，能支持位图、矢量地图、GIS 地图功能，支持地形图、各类专题图等。

3. 设备布置

值班员除了监视显示器外，还有其他的许多工作要做。因此，在设计时，需要考虑人因工程，设备布置应便于值班员完成这些工作。

在进行设备布置之前，必须要考虑以下因素：

（1）哪些东西（人、设备、显示器件和控制器件）是值班员必须能够看到的？

（2）哪些东西（其他的值班员、耳机通话、警告指示）是值班员必须能够听到的？

（3）哪些东西（手控制器、脚控制器、通信设备）是值班员必须能够触摸到和操作的？

可以参考图 6-3-1 所示方式布置设备。

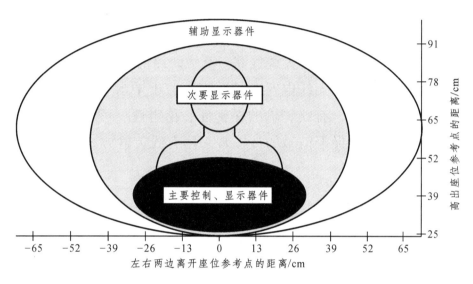

图 6-3-1　推荐的垂直平面显示区域

6.3.3　报警复核

报警复核通常可分为视音频报警复核以及人员现场报警复核。

视音频报警复核是最通常的做法，当发生入侵报警时，应能即时地显示被复核目标的图像和（或）音频。摄像机的设置应保证能获得被复核区域清晰、完整的图像，必要时应配备带云台的摄像机来辅助固定摄像机，以实现更大范围、更灵活的监视。

在不具有视音频报警复核的场所，可通过设固定岗哨，采用人员现场报警复核的办法。固定岗哨的设置应保证岗哨能及时清晰地观察到所要监视的区域，同时，岗哨应能即时得到报警信息并能随时与保卫控制中心取得通信联系。

在设置探测系统设备时，需要考虑其与视频复核系统之间的相互配合。例如探测器的防区范围需要根据摄像机的布置来进行划分。

6.4 传输设计

报警传输是入侵报警系统不可或缺的一部分，是把信息从探测器传送到控制指示设备的通信线路。报警传输设计时应考虑传输方式的可靠性、传输线路被断开或篡改、传输延迟、易扩充性等方面。

6.4.1 通信线路

通信线路分为有线线路和无线线路。有线线路对于短距离（1~2 km）传输来说，一般比较便宜；无线电对于长距离（若干千米）传输来说通常比较便宜。相较于无线传输，有线传输的保密性、稳定性、可靠性更高，所以目前实物保护系统中入侵报警信号的传输常采用有线传输方式。

6.4.2 传输技术

传输技术包括点对点星形传输（或分线制传输）和多路传输（或总线制传输），星形传输方法的特点是每个探测器和报警显示系统之间用单独的一对导线连接，多路传输是指来自几个探测器的报警信号在一对导线上传输，如图 6-4-1 所示。

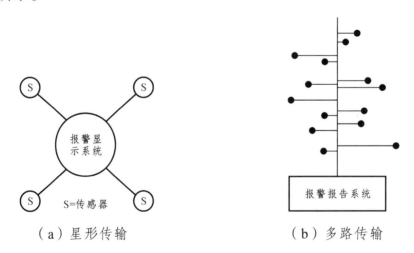

（a）星形传输　　　　　　（b）多路传输

图 6-4-1　星形传输系统和多路传输系统

星形传输由于每对导线是独立的，因此对于大型入侵报警系统，传输线路会很多，这种传输方式的优点是，一个点的失效只会使这一部分不能工作，而不会影响到较大范围。与星形传输相比，多路传输涉及分频分时等技术，系统较复杂，在修理和维护方面要求更多的技术知识和经验，另外，由于共用线路，某条线路一旦失效，会使该线路上的所有传感器失效。

6.4.3　线路保护

采用有线传输的系统，应对传输电缆采取物理保护和监管措施。为了防止或延缓敌手接近传输线路，可以采用以下线路保护方法：

（1）使用金属导管保护通信线路。如果导管接头处是被焊牢的，则这种方法能提供更大的安全性。

（2）通信线缆埋地敷设。当距离较长时，这种方法的费用可能较大，但这种方法的确能够延缓攻击者接近线路。在规划掩埋时，电缆中应该有富余的导线，以备将来扩充或个别导线失效时之需。电缆可埋在混凝土中，或埋在土中然后在其上覆以混凝土或沥青。

6.4.4　线路监测

监视通信线路是为了确保该线路正常工作，数据在传输过程中未被改变。通信线路可以分成两类：被动和主动。只有报警发生时，被动线路上才有信号通过，这种线路中断时，报警就不能被传输。如果不对传输线路进行测试，便不可能发现线路被断开。相反，主动线路上不断有信号在传输，一旦线路断开，则有可能立即被发现。

线路监视系统可以是静态的或动态的。静态监视系统总是用同样的信号表示处于安全状态，敌手很容易发现和识破这种信号。因此，静态监视系统很容易通过换用假冒信号的方法使之失效。动态监视系统能产生不断变化的信号以表示线路处于安全状态，因此动态监视这样的系统是难以被攻破的。虽然动态监视系统比较安全，但静态系统安装和维护也比较简单、便宜，应用广泛。

下面讨论几种常用的线路监视方法。

1. DC（直流或称线端电阻）监视

DC监视已有很长的历史，其中的很多技术现在仍在使用。这类技术是在导线中保持着一股特定的电流，有效的报警可以使电路短路、断路或使电流维持在某个特定范围内，任何与这一正常电流不同的电流值都被视为篡改。

灵敏度指电流在报警产生之前能够偏离正常值的量。灵敏度为 2% 的系统也许能够比灵敏度为 30% 的系统提供更大的安全性。不过，高灵敏度更易于产生噪扰报警。例如，铜导线的电阻会因温度升高而增加，电阻的变化会导致线路电流产生变化，因此同时需要考虑高灵敏给系统带来的影响。由于通常可以测量线路上的电流和电压而不会引起报警，因此 DC 系统易于受到简单的攻击。但是，DC 监视系统费用较低，并且能够提供一定的保护，如防止防打砸抢之类的偶然威胁和电缆被意外地割断。

DC 监视技术原理如图 6-4-2 所示。

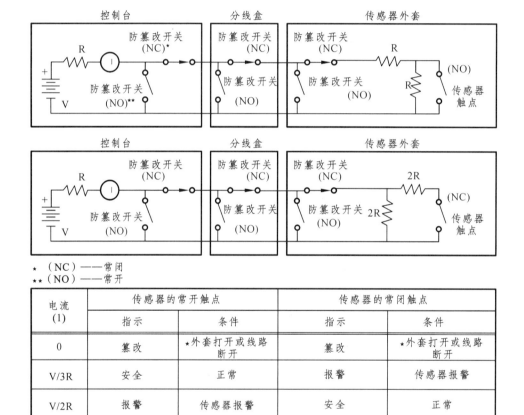

电流 (1)	传感器的常开触点		传感器的常闭触点	
	指示	条件	指示	条件
0	篡改	★外套打开或线路 断开	篡改	★外套打开或线路 断开
V/3R	安全	正常	报警	传感器报警
V/2R	报警	传感器报警	安全	正常
V/R	篡改	★外套打开或线路 短路	篡改	★外套打开或线路 短路

★由应为防篡改开关配备单独的报告电路，
以指示篡改报警（传感器外套被打开）。

图 6-4-2　DC 线路监视技术原理

2. 多路传输监视

多路传输可使来自若干传感器的数据沿同一线路传输到一个中心站点。

这种多路传输技术本身提供了一定程度的安全性，因为人们难以判断给定传感器的状况并产生及替换假信号。

3. 加密法监视

使用加密模块，不仅能提供某种程度的数据保护，一般还能提供线路监视方面的保护。这些技术通常用于多路传输线路，而从探测器到多路传输总线之间的这段线路仍然使用 DC 监视法。

除了以上几种线路监视，某些传输方式自身具有自保护，如光纤传输，光纤作为传送介质不容易受到电干扰、串音和闪电等的干扰，而且，如果有人企图篡改光纤线路也很容易被发现。

6.4.5　防篡改

前面讨论的线路保护和线路监视技术，主要是用来保护两个端点之间的通信线路的。在线路与探测器的接口处、其路径上的各个分线盒处以及中央控制台的入口处，该线路也许仍然是易失效的。在这些点上，通过采用可指示有人入侵而配备的防拆外壳，可以提高安全程度。

这种篡改指示装置应按传感器处理，并配备单独的报告电路，而不应该处理成另一个传感器电路的串联或并联部分。因为如果串联或关联，传送系统便不能区分是篡改报警还是线路断路或短路。

6.4.6　报警传输设计应考虑因素

不管使用怎样的传输技术或监视保护技术，报警传输设计都应该满足以下几项：

（1）报告时间快，如果有事发生，应能快速通知值班员；

（2）所有电缆都受到监视；

（3）能容易和快速发现单点失效，一旦发现这种失效，应进行修理，或者至少被隔离起来，不使整个系统受到影响；

（4）可使传感器受到隔离和控制，应该提供一条途径，使每个传感器能得到检查和隔离（正如上面所说的，某些传感器或许因选用了特殊的传输结构而做成串联的，这使得把特定的某个传感器隔离开来成为不可能）；

（5）可灵活地扩充。

6.5 入侵报警系统的设计原则和要点

本节对入侵报警系统的设计原则进行简述，并选取保护区周界、库房两个室外室内典型场景，分别对探测器的布置、防区设置及标准要求等进行说明。

6.5.1 设计原则

1. 符合现场环境

任何一种入侵探测器均有其适合的运行环境（包括地形地貌、气候、土壤、野生动物以及植物等），不可能单独有效地运行在所有环境下。因此，在设计和安装系统时，应根据现场的环境条件，选用合适的探测器并进行合理安装。

入侵报警系统在运行中，气候变化、设备老化等自然因素和意外损坏、恶意篡改等人因因素，都可能影响入侵报警系统的有效性，因此，在设计时应充分考虑各方面因素。

2. 均衡探测和纵深防护

探测区域内应均衡防护，不存在探测盲区。尤其是在实物保护周界设置入侵探测措施时，需要注意探测器自身的特性，部分探测器在防区分界点和拐角处有可能存在探测盲区，此时需要设置小范围探测器补充盲区探测，或者使得相邻两个探测器的探测区域互相覆盖，以消除盲区。

为了提高探测到敌手行动的概率和系统有效性，需要在重点防护目标的外侧设置多层探测措施。

3. 防止篡改

入侵报警系统应具有防篡改、防破坏、防雷电以及自检功能。

对于入侵报警系统，首先要保证系统设备本身的安全，探测器、报警控制设备或控制箱等要具有防破坏、防拆报警和自检功能，一旦设备被拆卸、植入其他物品等时，系统能发出防拆信息。为保证有效性，防拆报警要设为独立防区，且不论设备是否处于布防状态，防拆报警都应一直有效。如果探测器、报警控制设备发生故障，也应及时指示。

入侵报警系统的传输线路不一定都处在探测器的探测范围之内，为了保证系统的正常传输，除了在物理上采取防护措施外（如采用保护管、暗埋等），还可以采用线路监测设备来探知线路被剪断、断开、短路或旁路等。

4. 防雷

由于实物保护系统需要使用大量的室外探测器，因此在设计时需要考虑其面临的雷电干扰问题。雷电很容易使探测器设备中的敏感电子器件失效、损伤或破坏。降低雷电损伤的主要预防措施有三种。首先，所有信号电缆应借助电缆的内部结构或使用金属导管进行屏蔽。其次，要有良好的接地系统，这意味着消除地环流和使用单点接地。第三，可在电缆的各个端头安装被动的瞬变抑制器件，即避雷器。

6.5.2　保护区周界入侵探测设计要点

1. 探测防线连续可靠

保护区周界入侵探测的设计目标是该保护区周界的全部范围都有均衡探测。这就要求探测器沿保护区周界形成一道连续的探测线。保护区周界每个区段的探测区要与相邻的保护区周界区段的探测区相重叠，相邻探测段间不应存在探测盲区。不管入侵者采用走、跑、跳、爬、滚的方式从探测区域通过，都应能被探测而产生报警。

为了保障保护区周界探测防线不易被攻破，要使用多道连续的探测线才能形成高度可靠的系统。一些保护区周界探测器系统设置两道甚至三四道探测线。保护区周界探测器系统可以包括埋置线探测器、与栅栏有关的探测器和独立的探测器。多道探测器探测线可提供重复的探测以增加可靠性，在个别设备出现故障时仍能探测到非法入侵。这样，任何一个探测器的失效都不会危及受保护设施的总体安全性。

多道探测线一般选择探测技术原理不同且互补的探测器，互补的探测器能提高整个系统的有效性。这样，可以探测到种类较多的威胁，即使一种探测技术被攻破，也可以保证至少另一种探测技术有效，为入侵者试图突破保护系统增加了难度。

2. 设置隔离带

保护区周界入侵探测系统安置在被隔开的隔离带时，它就能较好地进行工作。设置隔离带的目的是通过提高探测概率、降低噪扰报警率及防止失效，来改善保护区周界探测器系统的有效性。隔离带还有利于目视判别探测器报警的原因。

隔离带的宽度通常是由延展至整个保护区周界的两道平行的栅栏限定的。栅栏的用途之一是不让人、动物和车辆进入探测区。为减少某些类型传感器的噪扰报警和便于报警复核，探测区域及报警复核区域的视野应清晰，不应有树、灌木、较高的草类植物以及其他障碍物。在两道栅栏之间的这个区域清除干净之后，只在其中安装探测和判别设备及相关的动力线与数据传输线路。

3. 防区划分和探测器配置

周界探测防区要根据保护区周界范围、探测器探测范围、复核摄像机的覆盖范围、便于测试和维修等进行划分。

保护区周界地带的地形地貌，如隔离带的宽度、地形，决定了可用于探测空间的形状与大小。在选择保护区周界的探测器时，应考虑以下几方面环境因素：保护区周界屏障及隔离带状况，土壤类型和状况，保护区周界所适宜划分的探测段段数及探测段长度，附近的公路、机场、河流、铁路及其交通情况，穿过保护区周界的排水沟、管道、埋设线及公用设施情况，当地的雨、雪、雾、风沙、雷电以及冰冻等情况，当地的极端气温，保护区周界及其附近野生动物的活动情况，附近的电磁干扰情况。

在探测带的任何位置，其探测区域的底部与地面的距离通常不应大于15 cm，以消除入侵者沿地面爬过而不被探测的可能性。应使得各种物体如屏障、探测器的底座、灯柱以及天然生长的植物（如树木），不会被入侵者借助来从探测带上方越过或作为隐蔽体来躲避报警复核。探测带应尽量远离人员及车辆交通要道。对易受电磁场干扰的探测器（如电场、开口同轴电缆等系统），应考虑避免周围会引起电磁场波动的强干扰源（如大的变压器和变电站等）的影响。

4. 与视频复核系统和屏障延迟系统相结合

当探测器采用视频监控系统进行复核时，为了使保护区周界入侵报警系统和视频监控系统都能良好工作，必须确保上述两个系统的设计是兼容的。

例如，隔离带的宽度设计，区域宽一些可以降低入侵探测系统的噪扰报警，需要判别的区域窄一些能获得较好的摄像机分辨率。综合考虑，隔离带宽度应以 6 ~ 15 m 为宜。

保护区周界安装的屏障，不应降低入侵报警系统的有效性。要求屏障不能使探测器的探测空间变形，不应产生噪扰报警，也不应挡住摄像机的视野。对于外部入侵，具有延迟作用的周界屏障须安装在入侵探测防线之后。

隔离带防护一般布置微波探测器，微波探测区域呈纺锤状，两端存在盲区，因此微波的探测区域需要交叉，设计时就需要根据盲区高度确定需要交叉的长度。拐角处布置多普勒探测器，多普勒探测器探测区域为纺锤体状，需根据拐角地形调节探测区域。为了防止两组相邻的微波间产生干扰，需使两组微波分别使用不同且相差较大的频率。

保护区周界典型的探测器布置示意（局部）如图 6-5-1 所示。

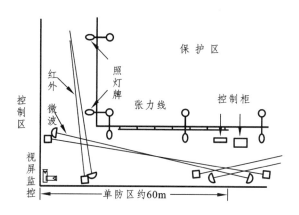

图 6-5-1　保护区周界探测器布置（局部）示意图

6.5.3　室内入侵探测设计要点

相较室外场景，室内的环境相对单一和固定，产生噪扰报警的因素较少。影响室内探测器有效性的两个重要物理条件，一是建筑物或房间的结构，二是被监测区域或房间里放置的各种设备或物体。

室内环境一般是可控、可预测和可测量的，通过恰当地组合探测器，可以使室内入侵探测系统获得最佳的有效性。对于人员流动较少的库房，室内空间可选择超声、微波、红外和声音探测器，建筑物墙体可配置振动探测器，窗户上可配置玻璃破碎探测器。每种探测器都会存在来自不同干扰因素的噪扰报警。在选择时，要求知道探测器容易受到哪些特定的噪扰报警干扰因素的影响，了解环境中是否存在着这些干扰因素。

库房探测器在设计时，还需要考虑室内物体的遮挡，比如室内大型物件、正常人流、物流出入的影响。对于带窗和孔洞的库房，还需要进行针对性的设计，一些特殊的库房还需要考虑保密要求。

6.6 本章小结

本章从入侵报警系统的功能、构成及相关概念等方面对系统进行了简单讲解，对入侵探测器、控制指示设备进行了介绍，最后通过典型场景介绍了设计中应该注意的事项。设计者在进行入侵报警系统设计时，必须充分考虑设计要达到的目标、入侵者的技能水平以及物理环境等因素，同时还必须考虑该系统与视频监控系统、延迟系统的相互配合。

PART SEVEN
第 7 章

视频监控系统设计

视频监控系统是实物保护系统的关键组成部分，值班人员在控制中心远程操作前端的摄像机、云台就可以观察到现场的情况，是一种非常直观、有效的监控手段。视频监控系统一般由前端采集摄像机与后端视频显示、记录、控制等设备组成。设计者应掌握视频监控的相关技术和基础知识，以便于在设计中选择合适的设备，提高系统整体性能。

7.1 视频监控系统概述

7.1.1 视频监控系统的功能

视频监控系统的目的是便于警卫人员了解现场情况，使其可以通过遥控摄像机及其他设备，实时监测固定场所的情况。同时，视频监控系统还可以与入侵报警、出入口控制、通信等进行联动，系统接收到其他系统发出的报警后，联动显示现场实时监控画面并进行录像，帮助值班人员对报警情况进行复核，确定报警原因。

在实物保护系统中，视频监控系统的基本功能主要包括图像信息采集、图像显示控制、记录与查询、报警复核。

7.1.1.1 图像信息采集

视频监控系统的一个重要功能是复核，查明每个探测器报警的原因，判断该报警是入侵报警还是噪扰报警；另一个功能是提供与入侵有关的信息，跟踪监视入侵者的动向。因此，视频监控系统采集的视频图像信息应满足对目标辨别、识别的要求，如人员或动物的数量、入侵位置及入侵者携带的武器装备，采集的图像要稳定可靠、完整准确。

7.1.1.2 图像显示控制

为便于保卫控制中心值班人员及时了解现场情况，视频监控系统应能清晰显示前端设备采集的视频信号，实时显示画面上能显示摄像机编号、位置等信息。值班人员可以远程任意调取现场各区域的监控图像，并远程发出控制指令，调整摄像机镜头焦距、控制云台进行巡视或局部细节观察。

7.1.1.3 记录与查询

通过连续不断地对监视区域进行录像，保存一定时间内的视频监控录像，并能方便地查询，为实物保护突发事件的追溯和事后调查提供视频证据。为便于事后查询，录像记录的图像画面上需要显示摄像机的编号、地址、记录时间等相关信息。

7.1.1.4 报警复核

视频监控系统应能与入侵报警系统、出入口控制系统等其他系统联动，当接收到报警信号时，立即自动显示报警区域的实时图像，将图像切换到指定的显示设备上，同时记录报警前后的现场视频图像，为警卫值班人员确认敌情提供有效手段。

7.1.2 视频监控系统的构成

视频监控系统通常由图像采集、传输、控制、显示、存储等部分组成。

图像采集部分用于采集监控区域的视频图像信号，是系统的前端部分，通过光电成像器件将现场的光学图像转换成电信号，主要包括各种类型的摄像机，以及镜头、防护罩、云台等辅助设备。

视频传输部分用于将前端采集的音视频信号传输至保卫控制中心，包括视频信号传输过程中采用的信号转换转发设备（如光端机、交换机）和传输线缆等。

视频控制部分用于接收经传输设备传送来的前端信号、值班人员的操作指令以及来自其他设备的各类信号，对视频图像进行切换显示、对前端云台等设备进行操作控制。通常包括视频矩阵、操作键盘、音视频编解码器、视频服务器、视频管理软件等。在实际应用中，控制设备可能还集成了视频记录等功能，如硬盘录像机。

视频显示部分用于将现场的电信号转换成视频图像以展示给值班人员，或者将记录在存储设备中的视频调用呈现出来，主要包括监视器、显示屏等。

视频存储部分用于将视频图像信号存储记录下来，主要包含硬盘录像机、磁盘阵列、存储服务器等。

辅助系统主要指照明设备，用于均匀地照亮图像采集部位，照明亮度能满足摄像机和镜头的复核和监视需求。

7.1.3 视频监控系统的分类

随着现代信息技术的发展，视频监控系统发展经历了模拟视频监控、模数混合视频监控、数字视频监控、数字高清视频监控和智能化视频监控等发展阶段，如图 7-1-1 所示。

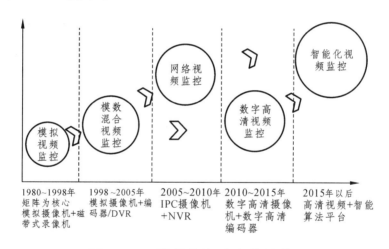

图 7-1-1 视频监控系统发展进程

7.1.3.1 模拟视频监控系统

20 世纪 90 年代以前，视频监控系统主要是以模拟设备为主的闭路电视监控系统（closed circuit television system，CCTV）。模拟视频监控系统是设备之间以端对端的模拟视频信号传输的监控系统，其典型架构如图 7-1-2 所示。从前端采集、视频传输到控制、存储，视频图像信息均为模拟信号。模拟视频监控系统主要由模拟摄像机、同轴电缆、视频矩阵、录像机等组成。后来出现了模数混合的视频监控系统，前端架构基本与模拟视频监控系统一致，后端则对模拟数据进行编码，转换成数字视频格式进行存储。

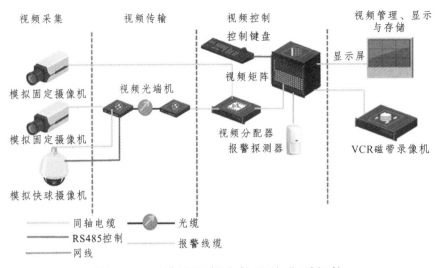

图 7-1-2　模拟视频监控系统典型架构

7.1.3.2　网络（数字）视频监控系统

20 世纪 90 年代中期，随着数字视频压缩编码技术的发展，基于计算机技术、多媒体技术、数字图像压缩技术的数字视频监控系统逐渐流行起来。数字视频监控系统是设备之间以数字视频进行传输的监控系统，由于使用数字网络传输，所以又称网络视频监控系统，其典型架构如图 7-1-3 所示。该系统在视频采集摄像机端已经将数据进行编码，视频数据的传输和存储均通过网络实现。网络视频监控系统主要由网络摄像机、交换机、解码器、视频服务器、视频工作站和磁盘阵列等组成。

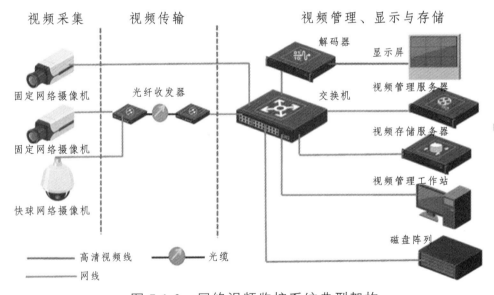

图 7-1-3　网络视频监控系统典型架构

目前模拟视频监控系统已基本被淘汰，还有部分设施采用模数混合的视频监控系统，HD-SDI数字高清视频监控系统也占据一部分份额，今后发展的主要方向是网络视频监控系统。各类视频监控系统的对比如表7-1-1所示。

表7-1-1　几种视频监控系统对比

类　　型	模拟视频监控系统	HD-SDI高清监控系统	网络视频监控系统
视频格式	模拟	非压缩数字	压缩数字
画质	低	高，无损	中，有损
分辨率	标清，＜700TVL	720P/1080P HD-CVI可达到4K	理论上无限制
传输	同轴线缆＜300 m	同轴线缆＜300 m	网线＜100 m
带宽	同轴电缆或光缆传输，编码后1.5 Mb/s	同轴电缆或光缆传输编码后6～8 Mb/s（200万@30帧/秒）	6～8 Mb/s（200万@30帧/秒）
视频分发	通过视频分配器分发	通过视频分配器分发	通过流媒体转发或组播
实时性	实时	＜50 ms	200 ms左右延时
稳定性	高	高	低
安全性	闭路监控，安全性高	闭路监控，安全性高	开放性系统，需考虑网络安全性措施
成本	中	高	高

7.1.3.3　数字高清视频监控系统

数字高清视频监控系统（HD-SDI）的发展源于人们对高清视频的青睐，同时又不想更换大部分配件。HD-SDI系统采用实时无压缩的高清数字视频技术，具有传输不失真、抗干扰的优点。数字高清视频监控系统架构和模数混合的视频监控系统架构基本一致，典型架构如图7-1-4所示，主要由HD-SDI摄像机、控制键盘和视频矩阵等组成。数字高清视频系统的传输线缆同样采用同轴电缆，从模拟视频监控系统向数字高清视频监控系统改造，成本较低且改造简单，无须重新布线，因此数字高清视频监控系统流行过一段时间。

7.1.3.4　智能视频监控系统

智能视频监控系统是继模拟、数字、网络之后，在传统视频监控基础上发展而来的第四代视频监控技术，它通过直接分析摄像机拍摄的监控视频画面，并按照所设定的报警条件，自动地分析出当前监控位置的警情并发出报警。智能视频监控系统大大提高了监控人员的工作效率，自动对成百上千路视频同时分析，当人员接到报警信息后，进行复核确认后再处置。

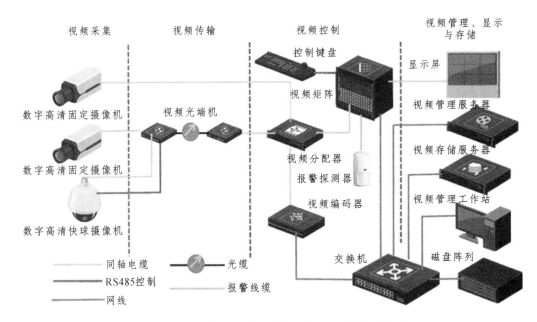

图 7-1-4　数字高清视频监控系统典型架构

7.1.4　视频监控的基本概念

7.1.4.1　图像质量

图像质量是指图像信息的完整性，包括图像帧内对原始信息记录的完整性和图像帧连续关联的完整性。它通常由这些指标进行描述：像素尺寸、分辨力、信噪比、原始完整性等。

根据《民用闭路监视电视系统工程技术规范》，模拟电视图像质量可按五级损伤制评定，图像质量不低于 4 分，彩色监视系统随机信噪比不低于 36 dB，图像水平清晰度不低于 400 线，图像画面的灰度不低于 8 级。根据《安全防范高清视频监控系统技术要求》，高清视频监控系统图像质量按五级损伤制评定，图像质量不低于 4 分，信噪比不低于 45 dB，水平分辨力不小于 800 线，灰度等级不低于 10 级，帧率不低于 15 帧/秒，对实时性要求高的图像，帧率不低于 25 帧/秒。

7.1.4.2 视频压缩编码

图像信息的数据量很大。例如，如果每个像素用 24 bit 编码表示，则一幅无压缩的 1080 P（25 帧/秒）图像数据量约为：

1920×1080×24×25÷1024÷1024=1186（Mb/s）。

也就是说，存储一段时长 1 s 的视频图像，大约需要 150 MB 的容量。因此，为了方便对视频信息传输、存储及处理，必须对其进行压缩编码处理。

通常将压缩算法分为两类：无损压缩和有损压缩。顾名思义，无损压缩是指压缩前后的数据一致，没有损伤。无损压缩常用于数据文件的压缩，例如 ZIP 文件。有损压缩是指压缩前后的数据不一致，在压缩过程中要丢失一些人眼所不敏感的图像信息。视频图像压缩主要采用有损压缩，对同一种压缩算法来讲，所需压缩率越高，损失的图像信息也就越多。目前，比较主流的视频编码技术是 MPEG-4、MJPEG、H.264、H.265。

MPEG-4 是一种视频编码和压缩标准，它使用帧间编码来显著降低所传输视频数据流的大小。使用帧间编码技术时，视频序列由一组包含整个图像的关键帧构成。位于关键帧之间的是增量帧，它们仅使用增量差值进行编码。因为在大多数运动序列中，各个帧之间实际上只有很少一部分像素是不同的，因此帧间编码可以大大提高压缩质量。MPEG-4 占用的带宽大致在几百 K。

MJPEG 即 Motion JPEG，它按照 25 帧/秒的速度使用 JPEG 算法压缩视频信号，完成动态视频的压缩。在此标准中，每个视频画面（每一帧）都会单独压缩成一个 JPEG 图像。MJPEG 图像流的单元就是一帧一帧的 JPEG 画片。因为每帧都可任意存取，所以 MJPEG 常被用于视频编辑系统。通常可达到 6∶1 的压缩率，画质比较清晰，但压缩率低，一般单路占用带宽 2M 左右。MJPEG 标准没有定义视音频的同步标准。

H.264 视频编码标准是专为中高质量运动图像压缩所设计的低码率图像压缩标准。采用运动视频编码中常见的编码方法，编码过程分为帧内编码和帧间编码两部分。帧内用改进的 DCT 变换并量化，帧间采用 1/2 像素运动矢量预测补偿技术，使运动补偿更加精确，量化后可用改进的变长编码表（VLC）的量化数据进行熵编码，得到最终的编码系数。该标准适用于需要双向编解码并传输的场合（如 IP 视频会议、可视电话）和网络条件不是很好的场合（如远程监控）。其单位码率可以小于 64 Kb/s，且支持的原始图像格式更多，包括了在视频和电视信号中常见的 QCIF、CIF、EDTV、ITU-R601、ITU-R709 等。H.264 标准压缩率较高，缺点是画质相对差一些，占用带宽随画面运动的复杂度而大幅变化。

H.265 是继 H.264 之后所制定的新的视频编码标准，编码架构类似，保留 H.264 的某些技术，并对码流、编码质量、延迟和算法复杂度之间的关系进行了改善，达到最优化设置。H.265 旨在有限带宽下传输更高质量的网络视频，仅需原来的一半带宽即可播放相同质量的视频。H.265 标准也同时支持 4K（4096*2160）和 8K（8192*4320）。通过主观视觉测试得出的数据显示，H.265 在码率减少 51%～74%的情况下，编码视频质量与 H.264 近似甚至更好。

SVAC 标准是安全防范监控数字视音频编解码技术标准，是由中星微电子和公安部第一研究所共同建立的，旨在解决安全防范监控行业独特要求的技术标准。SVAC 标准是具有我国自主知识产权的、专门应用于安全防范视频监控技术领域的数字视音频编解码技术标准。支持高精度视频数据编码，支持多样化的帧内及帧间预测、变换量化、二进制算术编码等技术，支持可伸缩性视频编码，支持数据安全保护等。

7.1.4.3 电视广播制式

PAL 和 NTSC 属于全球两大主要的电视广播制式，是由于系统投射颜色影像的频率而有所不同。PAL 是 Phase Alternating Line 的缩写，主要应用于中国、中东地区和欧洲一带。NTSC 是 National Television System Committee 的缩写，主要应用于日本、美国、加拿大、墨西哥、韩国等。

PAL 电视标准 25 帧/秒，电视扫描线为 625 线（50 Hz），奇场在前、偶场在后，标准的数字化 PAL 电视标准分辨率为 720×576，24 bit 的色彩位深，画面的宽高比为 4∶3。NTSC 电视标准每秒 29.97 帧（简化为 30 帧），电视扫描线为 525 线（60 Hz），偶场在前、奇场在后，标准的数字化 NTSC 电视标准分辨率为 720×486，24bit 的色彩位深，画面的宽高比为 4∶3。这两种制式是不能互相兼容的，如果是 NTSC 制式的摄像机，拍摄出来的图像不能在 PAL 制式的电视机上正常播放。我国使用 PAL 制式，在我国销售的摄像机都是 PAL 制式的。25 IPS（PAL）一般视为全速视频。

7.1.4.4　环境照度

环境照度是反映目标所处环境明暗的物理量，照度的单位勒克斯（lx），1 lx 表示在 1 m² 面积上所得的光通量是 1 流明。表 7-1-2 给出了一些参考环境照度。

表 7-1-2　自然环境照度参考值

环　　境	照　　度	环　　境	照　　度
夏日阳光下	100 000 lx	阴天室外	10 000 lx
距 60 W 台灯 60 cm 的桌面	300 lx	20 cm 处烛光	10 ~ 15 lx
室内日光灯	100 lx	全月晴空	0.5 lx

7.2　摄像机的选型与布置

7.2.1　摄像机分类

摄像机的基本功能是将实物场景的光学图像转换成电（视频）信号，以便传输到后端的显示系统。摄像机的分类形式多种多样，通常可按照图像色彩、结构组成、使用环境、信号传输方式、功能特点等进行分类。

7.2.1.1　按色彩分类

摄像机按照图像颜色不同，可分为彩色摄像机和黑白摄像机。在其他条件相同的情况下，黑白摄像机由于不需要滤光片，因而灵敏度和清晰度相对彩色摄像机更高，但不能显示图像颜色。彩色摄像机能显示图像颜色，灵敏度和清晰度在相同条件下比黑白摄像机低。

7.2.1.2　按结构组成分类

摄像机按结构组成不同，可分为固定式摄像机、球形摄像机、半球型摄像机、带云台摄像机等。

固定式摄像机内置固定或变焦镜头，是一种安装后取景范围固定的摄像机，可以清晰地看到摄像机的安装位置及其拍摄方向。固定式摄像机分为枪形[图 7-2-1（a）]和筒形。枪形可以根据需要自行组装摄像头、护罩等。筒形是枪形摄像机的一种变种，一般都是厂家组装好的。

半球形摄像机[图 7-2-1（a）]是一种预装在半球防护罩中的固定摄像机，

这种摄像机美观大方，安装方便，可以拍摄任意方向。其主要优点是镜头采用隐蔽式设计，实际上很难看出摄像机镜头方向。缺点是不便更换镜头，即使是可拆卸镜头，选择镜头时也受半球防护罩内部空间的限制。为克服此缺点，可选择采用变焦镜头的半球摄像机。

（a）枪形摄像机

（b）半球形摄像机

（c）快球摄像机

图 7-2-1　枪形摄像机、半球形摄像机及快球摄像机

7.2.1.3　按使用环境分类

摄像机按应用环境不同，可分为室内摄像机、室外摄像机。室内摄像机外部无防护装置或根据环境要求配置室内防护罩。室外摄像机外部安装室外防护罩，可配置降温风扇、遮阳罩、加热器、雨刷等附件，用于适应室外温度、湿度等环境的变化。

7.2.1.4　按信号传输形式分类

摄像机根据信号传输形式可分为模拟摄像机和网络摄像机。模拟摄像机传输模拟信号，采用同轴电缆作为信号传输介质，大多采用 75 Ω 阻抗的线缆，使用 BNC 接头连接，如图 7-2-2 所示。

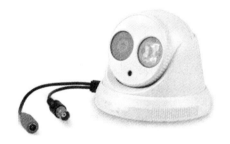

图 7-2-2　模拟摄像机及传输线缆

网络摄像机传输网络信号，采用双绞线或无线网络作为传输介质，使用 RJ45 水晶头连接，如图 7-2-3 所示。

图 7-2-3　网络摄像机及传输线缆

7.2.1.5　按功能特点分类

摄像机可以根据功能特点分类，不同功能类型的摄像机可分别适用于特定场景，比如红外夜视摄像机、星光级摄像机适用于夜间低照度情况下的视频监视；智能摄像机可以实现视频内容智能分析，自动分析、抽取视频源中的关键有用信息，以形成相应事件和告警的监控方式，从而使传统监控系统中的摄像机不但成为人的眼睛，也成为人的大脑；防爆摄像机适用于含易燃易爆气体的环境中；耐辐照摄像机适用于放射性的辐射环境中，尤其适用于核设施内。

7.2.2　摄像机的主要技术指标

摄像机的主要指标有清晰度、灵敏度、信噪比等。

7.2.2.1　清晰度

清晰度是衡量摄像机优劣的一个重要参数。评估模拟图像清晰度的指标是水平分辨力，通常用水平电视线（TVL）表示。我国采用的 PAL 制式的模拟视频通常只有 576 线，水平分辨力大于或等于 800TVL 为模拟高清视频。

数字视频图像的分辨率用像素表示，如 1920×1080，表示一幅图像是由每行 1920 个像素、共 1080 行像素点，也就是总共约 200 万个像素点（1080P）组成。目前，摄像机根据清晰度可选用 100 万（1280×720）、200 万（1920×1080）、300 万（2048×1536）、400 万（2560×1440）甚至更高像素。

7.2.2.2　灵敏度

灵敏度是指在镜头光圈大小一定的情况下，获取规定信号电平所需要的最低靶面照度。例如，使用 F1.2 的镜头，当被摄物体表面照度为 0.04 Lux 时，摄像机输出信号的幅值为 350 mV，即最大幅值的 50%，则称此摄像机的灵敏度为 0.04 Lux/F1.2。如果被摄物体表面照度继续降低，监视器屏幕上将是一幅很难分辨层次的灰暗图像。根据经验，一般所选摄像机的灵敏度为被摄物体表面照度的 1/10 时较为合适。

摄像机的灵敏度与镜头光圈系数有关，因此，不能以摄像机说明书中标明的最低照度为准，应以摄像机在同一镜头光圈系数下的照度值大小为准。

最低照度按照灵敏度可分为 1 ~ 3 lx 的普通型，0.1 lx 左右的月光型，0.01 lx 左右的星光型，0.001 lx 左右的黑光型。

7.2.2.3 信噪比（SNR）

信噪比是指信号电压与噪声电压的比值。当摄像机摄取较亮场景时，监视器显示的画面通常比较明快，观察者不易看出画面中的干扰噪点；而当摄像机摄取较暗的场景时，监视器显示的画面就比较昏暗，观察者很容易看到画面中雪花状的干扰噪点。摄像机的信噪比越高，干扰噪点对画面的影响越小，图像也就越清晰。摄像机信噪比的典型值在 45 ~ 55 dB 之间。视频监控相关标准中规定的模拟视频、音频的信噪比不低于 38 dB，高清视频监控系统信噪比不低于 45 dB。一般在日常选择摄像机的时候，信噪比要求不低于 50 dB。

7.2.2.4 动态范围（WDR）

动态范围是图像能分辨的最亮的亮度信号值与能分辨的最暗的亮光信号值的比值，用 dB 来表示。宽动态就是场景中特别亮的部位和特别暗的部位同时都能看得特别清楚。普通摄像机的 WDR 值为 10 dB，宽动态为 48 dB。目前有的 COMS 技术已经能达到 160 dB。

7.2.2.5 快门

快门是摄像机中用来控制光线照射感光器件时间的装置。由于感光的实质是信号电荷的积累，因此感光时间越长，信号电荷的积累时间就越长，输出信号电流的幅值也就越大。通过调整时钟脉冲的宽度，可以实现控制图像传感器感光时间的功能。一般而言，快门的时间范围越大越好。快门分为自动快门和手动快门，自动快门可根据光圈、环境照度等自动调整感光时间，对于观测高速运动物体或电火花类物体，则使用手动电子快门。使用快门控制进行低光补偿会导致快门打开更长的曝光时间。长时间曝光会使移动的物体模糊，而在非常低的光信号下，放大器的增益越高，图像的颗粒就越大。

通常快门速度应设置为 1/50 或 1/60 s。如果要捕捉快速移动的影像，快门速度应设定为 1/10 000 s。

7.2.3 摄像机的选用

摄像机是视频监控系统的核心设备。目前，摄像机生产厂家很多，其品牌、型号、功能各异，应结合现场具体情况选择适当的安装位置和角度，选用适当性能的摄像机镜头及相应辅助设备，以及时获取监控区域和目标的实时信息。

7.2.3.1 镜头

1. CCD 与 CMOS

CCD 全称为 Charge Coupled Device（电荷耦合装置）。被摄物体的图像经过镜头聚焦至 CCD 芯片上，CCD 根据光的强弱积累相应比例的电荷，各个像素积累的电荷在视频时序的控制下逐点外移，经滤波、放大处理后，形成视频信号输出。视频信号连接到监视器的视频输入端，便可以看到与原始图像相同的视频图像。CCD 技术起步较早，起初成像质量相对 CMOS 有一定优势，但其工艺复杂、成本高、耗电量大。

CMOS 全称为 Complementary Metal-Oxide Semiconductor（互补金属氧化物半导体）。CMOS 传感器经光电转换后直接产生电流（或电压）信号，信号读取十分简单。其加工采用半导体厂家生产集成电路的流程，可以将光敏元件、图像信号放大器、信号读取电路、模数转换器、图像信号处理器及控制器等集成到一块芯片上，因此集成度较高。这既是优点也是缺点，优点是可以在普通半导体生产线上生产，制造工艺简单、成本低廉；缺点是光电传感元件与电路之间距离很近，相互之间的光、电、磁干扰较为严重，噪声对图像质量影响较大。

目前，由于 CMOS 技术的突飞猛进，CCD 的优势越来越不明显，在相同像素下，CCD 灵敏度稍高一点，相同尺寸下，分辨率稍高一点，但是在其他方面，比如价格、集成度、功耗、响应速度、稳定性等方面都不如 CMOS。除此之外，CCD 更容易受到激光的干扰和损伤。

2. 镜头规格、焦距与视场角

镜头规格即传感器靶面尺寸，常见的如 1/3″、1/2″和 2/3″等。对于相同分辨率的摄像机，传感器面积越大，则其单位像素的面积也越大，成像质量也会越好。传感器感光面常见参数见表 7-2-1。

表 7-2-1 传感器感光面常见参数

比例 标称芯片尺寸/inch 感光面尺寸/mm	4：3					16：9
	1	2/3	1/2	1/3	1/4	1/2.7
对角线长度 C/mm	16	11	8	6	4.5	5.9
横向宽度 A/mm	12.8	8.8	6.4	4.8	3.2	5.16
纵向宽度 B/mm	9.6	6.6	4.6	3.6	2.4	2.91

根据镜头焦距是否可调以及调节的方式，可分为固定焦距镜头、手动变焦镜头、电动变焦镜头。固定焦距镜头的焦距不可调整，这种镜头可用于监视静态目标。当需要监视有视角变化要求的动态目标时，可选用变焦镜头。变焦镜头的焦距可在一定范围内调整，如 4 ~ 12 mm、8 ~ 50 mm。定焦、变焦镜头的选用取决于被监视场景范围的大小，以及所要求的被监视场景画面的清晰程度。

镜头视场角可分为图像水平视场角以及图像垂直视场角，且图像水平视场角大于图像垂直视场角，通常所提到的视场角一般是指镜头的图像水平视场角。

3. 镜头规格、焦距与视场角三者之间的关系

镜头规格、焦距与视场角三者之间的关系如图 7-2-4 所示。

由图 7-2-4 可得：

$$\tan \left(\alpha/2 \right) = \frac{A}{2f} = \frac{W}{2L} \tag{7-2-1}$$

$$\tan \left(\beta/2 \right) = \frac{B}{2f} = \frac{H}{2L} \tag{7-2-2}$$

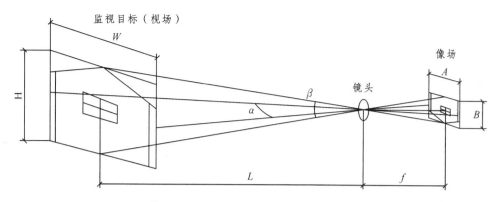

图 7-2-4　镜头规格、焦距与视场角三者之间的关系

式中　f——镜头焦距（mm）；

L——被摄物体到镜头距离（m）；

α——水平视场角；

β——垂直视场角；

A——摄像机成像面宽度（mm）；

B——摄像机成像面高度（mm）；

W——被摄物品宽度（m）；

H——被摄物体高度（m）。

由式（7-2-1）和式（7-2-2），可计算镜头焦距

$$f=A\times L/W=B\times L/H \tag{7-2-3}$$

由式（7-2-1）~式（7-2-3）可以得出，在镜头规格（A、B）一定的情况下，焦距越大，视场角越小，监视范围越窄；焦距越小，视场角越大，监视范围越宽。在镜头焦距一定的情况下，镜头规格越大，其镜头的视场角也越大，监视距离越近。

考虑摄像机监控范围的最远端需要能够识别目标的特征，则根据目标在感光面上水平成像至少 60 个像素，摄像机水平像素为 1920，则监控目标的最远距离的估算式可表达为

$$L_{\max}=W_{\text{face}}/A\times 1920/60 \tag{7-2-4}$$

式中　W_{face}——人宽度（约 500 mm）；

$L_{\max}$——摄像机可分辨成像的目标最远距离（m）。

表 7-2-2 给出了一些镜头（1080P）的最远距离。

表 7-2-3 给出了一些镜头（4:3）焦距的最大水平视场角。最大垂直视场角会比最大水平视场角小一些。

表 7-2-2 摄像机可分辨成像的目标最远距离 L_{max}（m）

A（尺寸）	焦距 f/mm						
	2.8	4	6	12	25	50	100
12.8 mm（1）	3.50	5.00	7.50	15.00	31.25	62.5	125.00
8.8 mm（2/3）	5.09	7.27	10.91	21.82	45.45	90.91	181.82
6.4 mm（1/2）	7.00	10.00	15.00	30.00	62.5	125.00	250.00
4.8 mm（1/3）	9.33	13.33	20.00	40.00	83.33	167.67	333.33
3.2 mm（1/4）	14.00	20.00	30.00	60.00	125.00	250.00	500.00

表 7-2-3 最大水平视场角 α

A（尺寸）	焦距 f/mm						
	2.8	4	6	12	25	50	100
12.8 mm（1）	132.74°	115.99°	93.7°	56.12°	28.72°	14.59°	7.32°
8.8 mm（2/3）	115.06°	95.45°	72.51°	40.27°	19.96°	10.06°	5.04°
6.4 mm（1/2）	97.63°	77.32°	56.14°	29.86°	14.59°	7.32°	3.67°
4.8 mm（1/3）	81.2°	61.93°	43.6°	22.62°	10.97°	5.5°	2.75°
3.2 mm（1/4）	59.49°	43.6°	29.86°	15.19°	7.32°	3.67°	1.83°

镜头焦距、视场角与有效距离如图 7-2-5 所示。

在实际实物保护应用场景，可按以下推荐考虑：

（1）室内空间及室内出入口（≤30 m），采用 2.8 ~ 12 mm 镜头；

（2）室外人员出入口（用于人脸抓拍），采用 8 ~ 32 mm 镜头；

（3）周界（60 ~ 90 m），采用 5 ~ 50 mm 镜头；

（4）广场（≤300 m），采用 5 ~ 150 mm（30 倍变焦）镜头。

4. 盲区

摄像机的监控盲区与摄像机安装角度、镜头感光面尺寸、镜头焦距等有关，包括横向盲区和纵向盲区。

如图 7-2-6 所示，可以用 $\tan(\alpha/2)=A/2f=W/2L$ 来近似测算横向盲区最大距离：

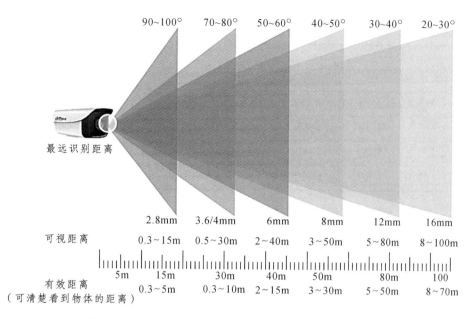

最远识别距离

| 90~100° | 70~80° | 50~60° | 40~50° | 30~40° | 20~30° |

| 2.8mm | 3.6/4mm | 6mm | 8mm | 12mm | 16mm |

可视距离

| 0.3~15m | 0.5~30m | 2~40m | 3~50m | 5~80m | 8~100m |

| 5m | 15m | 30m | 40m | 50m | 80m | 100 |

有效距离
（可清楚看到物体的距离）

| 0.3~5m | 0.3~10m | 2~15m | 3~30m | 5~50m | 8~70m |

图 7-2-5　镜头焦距、视场角与有效距离示意

$$L_1 = f W_c / A = \frac{W_c}{2} \cdot \tan \frac{\alpha}{2} \qquad (7\text{-}2\text{-}5)$$

式中　W_c——监控宽度；

　　　L_1——横向盲区最大距离；

　　　α——水平视场角；

　　　A——摄像机成像面宽度（mm）。

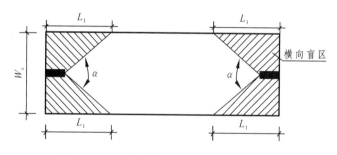

图 7-2-6　摄像机安装平面示意图

表 7-2-4 给出了按监控宽度 6 m 近似测算出的横向盲区最大距离。

表 7-2-4　横向盲区最大距离 L_1（m）

A（尺寸）	焦距 f/mm						
	4	6	10	16	25	50	100
12.8 mm（1）	1.88	2.81	4.69	7.50	11.72	23.44	46.88

A（尺寸）	焦距 f/mm						
	4	6	10	16	25	50	100
8.8 mm（2/3）	2.73	4.09	6.82	10.91	17.05	34.09	68.18
6.4 mm（1/2）	3.75	5.63	9.38	15.00	23.44	46.88	93.75
4.8 mm（1/3）	5.00	7.50	12.50	20.00	31.25	62.50	125.00
3.2 mm（1/4）	7.50	11.25	18.75	30.00	46.88	93.75	187.50

如图 7-2-7 所示，可以用 $\tan（90-\varphi-\beta/2）=L_2/H$ 来近似测算纵向盲区最大距离：

$$L_2=H\times\tan（90-\varphi-\beta/2）\tag{7-2-6}$$

式中　H——安装高度（m）；

　　　L_2——纵向盲区最大距离（m）；

　　　φ——安装俯角（°）；

　　　β——垂直视场角（°）。

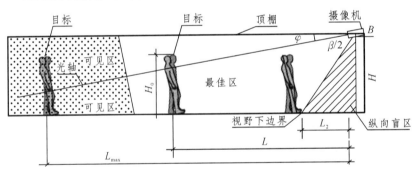

图 7-2-7　摄像机安装垂直剖面示意图

表 7-2-5 给出在安装高度为 5 m、俯角为 10° 条件下，近似测算出的纵向盲区最大距离。

表 7-2-5　纵向盲区最大距离 L_1/m

B（尺寸）	焦距 f/mm						
	4	6	10	16	25	50	100
9.6mm（1）	2.88	4.42	7.00	10.01	13.00	17.98	22.03
6.6mm（2/3）	4.27	6.17	9.39	12.67	15.82	20.00	23.67
4.6mm（1/2）	5.95	8.31	11.76	15.36	18.61	22.48	24.89
3.6mm（1/3）	7.40	10.01	13.71	16.84	20.00	23.44	25.63
2.4mm（1/4）	10.01	12.67	16.32	19.28	22.03	24.49	26.36

5. 可变光圈

光圈用来控制进入镜头的光量，用 F 值表示光圈大小。通过在镜头内部加入多边形或者圆形并且面积可变的孔状光栅来达到控制镜头通光量，这个装置就叫作光圈。

光圈 F 值=镜头焦距/镜头有效孔径

完整的光圈值系列：F1，F1.4，F2，F2.8，F4，F5.6，F8，F11，F16，F22，F32，F44，F64。光圈 F 值愈小，则进光量越多，画面越亮。而且上一级的进光量刚好是下一级的 2 倍，例如光圈从 F8 调整到 F5.6，进光量便多 1 倍，我们也说光圈开大了一级。不同光圈值的光圈如图 7-2-8 所示。

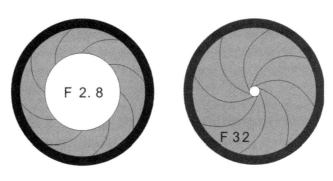

图 7-2-8　光圈值

可变光圈是一种机械装置，用于调节通过镜头的光线数量，主要分为手动光圈和自动光圈。手动光圈通过转动一个环，来调节光圈大小，可用于环境照度恒定或光照度变化较小的场合，如电梯轿厢、封闭走廊、无阳光直射的房间内。电动光圈是根据光照度的变化自动调节光圈大小。其原理是当进入镜头的光通量变化时，摄像机成像面上产生的电荷也相应变化，使视频信号电平发生变化，产生一个控制信号，驱动镜头内的微型电机正向或反向转动，从而调整光圈的大小。对于处理环境照度经常变化的场所，如门厅、窗口、室外等，则需要选用自动光圈镜头。

6. 镜头接口

镜头接口分为 C 接口和 CS 接口两种。C 接口的法兰尺寸为 17.526 mm，CS 接口的法兰尺寸为 12.5 mm。由于 CS 接口比 C 接口短 5 mm，减小了镜头与敏感件的间距，故 CS 接口系统体积小、轻，而且 CS 接口镜头价格较便宜。

CS 接口摄像机可配用 CS 接口镜头，也可使用 C 接口镜头再加上 5 mm

的隔条环。C 接口摄像机只能配用 C 接口镜头，不能使用 CS 接口的镜头。

7.2.3.2　辅助设备

1. 云台

云台可以简单理解成安装摄像机的底座，只是这个底座可以在一定范围（一般包括水平和垂直两个方向）转动。因此，云台的使用扩大了摄像机的视野。在视频监控系统中，需要巡回监视的室内外场所要用到云台。选用云台时要注意以下几点：

（1）云台的负荷能力要大于实际负荷的 1.2 倍，就是说云台上所有设备重量之和应小于云台的负荷能力，以免转动困难，影响巡视效果。

（2）云台转动停止时应有较好的自锁性能，刹车时回程角应小于 1°。

（3）室内云台在最大负荷时，噪声应小于 50 dB。

2. 防护罩

防护罩是保证摄像机在有灰尘、雨水、高低温等情况下正常使用的防护装置。一般分为两类：室内用防护罩、室外用防护罩。室内防护罩主要作用是防尘、防破坏。而室外防护罩除防尘之外，更主要的作用是保护摄像机在较恶劣自然环境（如风沙、雨雪、低温、高温等）下工作。这不仅要求它有严格的密封结构，还要有雨刷、喷淋装置等，同时具有升温和降温功能。由此决定了室外防护罩的价格远高于室内防护罩。

在核设施中，还有一些特殊环境，如海边空气湿度大盐分多，一些厂房操作的物料具有酸碱腐蚀性，这时需要考虑密封性能好且耐腐蚀的防护罩，必要时要选用内部充氮气等惰性气体的型号。

选择防护罩时还应注意，防护罩的标称尺寸与摄像头标称尺寸一致。若难以一致时，可用大尺寸防护罩配小尺寸摄像机；反之则不行。

3. 支架

支架是用于固定摄像机的部件，有壁装支架（图 7-2-9）、吊装支架等类型。支架的选择比较简单，只要根据安装条件去选择，另外要考虑其负荷能力须大于其上所装设备总重量，否则易造成支架变形，导致云台转动时产生抖动，影响监视图像质量。

图 7-2-9　壁装支架

4. 控制解码器

在有云台、电动镜头和室外防护罩的视频监控系统中，必须配有控制解码器。这样在控制室中操纵键盘相应按键即可完成对前端设备各动作及功能的控制。控制解码器一般与系统主机同一品牌，这是因为不同厂家生产的控制解码器与系统主机的通信协议、编码方式一般都不相同，除非某控制解码器在说明书中特别说明该设备与某个品牌的主机兼容，否则需要慎重选择。

5. 补光灯

许多场合需要在较低光照度的条件下摄取清晰图像，因此，目前很多摄像机都加装红外灯或白光灯。常用的红外灯有两种，一种是在普通照明灯前加滤光片，另一种是由红外发光二极管阵列构成。前者耗能较大，且常产生"红暴"（由于滤光不净，有少量红光被人眼看到）；后者能耗低，少数也会产生"红暴"。目前大部分摄像机是采用后者，在摄像机壳内置红外射灯，但是红外灯发热量相对较大，需要考虑摄像机整体散热，而且红外射灯寿命有限，一旦损坏，需要整体更换摄像机。很多红外灯的照射距离是固定的，必须与摄像机、镜头匹配，才能较准确地标定其照射距离。另外，红外灯照射角度是影响红外灯的关键因素：角度大，有效照射距离会变短；角度小，又容易出现"手电筒效应"。

7.3　视频传输

视频传输的功能是将现场的摄像机视频图像实时、准确地传输至显示设备。目前，实物保护系统中，视频信号传输均采用视频专用线路或专用网络传输。信号传输应保证图像质量、数据的安全性和控制信号的准确性，传输设备应确保传输带宽、载噪比和传输时延满足系统整体指标的要求。

视频传输介质主要包括同轴电缆、光纤、网线、光端机等。

7.3.1 同轴电缆

同轴电缆主要用于传输短距离的模拟视频信号。同轴电缆一般有 75 Ω 和 50 Ω 两个阻抗，线缆外径主要有 3 mm、5 mm、7 mm、9 mm 等。通常使用的电缆型号为 SYV-75-5，表示特性阻抗为 75 Ω、5 mm 线缆外径的聚乙烯绝缘聚氯乙烯护套射频同轴电缆。SYV-75-5 电缆最远传输距离可达 300 m，传输距离越长则信号衰减越严重，传输距离 100 m 内效果最好。外径越大，传输距离越远，但成本越高，同时敷设难度也会更大一些。

在实际工程中，视频电缆尽量不中断，一根电缆一贯到底，中间不留接头。同轴电缆常用的是 BNC 连接器。

7.3.2 控制电缆

控制电缆主要是指控制模拟摄像机中的云台及电动镜头的多芯电缆，其一端连接于控制器或解码器的云台、电动镜头的控制接线端，另一端接至云台、电动镜头的相应端子上。在视频监控系统中，由于从摄像机到解码器的空间距离比较短（通常为几米），因此从解码器到云台及电动镜头之间的控制电缆一般不做特别要求。而从控制器到云台及电动镜头的距离有几十米到几百米，因此对控制电缆的线径有一定的要求，需要根据传输距离进行压降计算。

7.3.3 光　纤

远距离视频传输一般采用光缆传输的方式。通过光电转换设备（光端机）将电信号转换成光信号进行传输，传输距离可达 80 km。光端机包括光端发射机和光端接收机。目前模拟摄像机视频信号传输和数字高清摄像机视频信号传输多采用数字非压缩传输技术的视频光端机。网络高清摄像机视频信号多采用网络信号光端机（也称为光纤收发器）。

7.3.4 网　线

网络高清摄像机视频信号短距离传输采用双绞线，可分为屏蔽双绞线（STP）和非屏蔽双绞线（UTP）。传输视频信号时，单段双绞线的长度一般不能超过 100 m。若采用 POE 供电，在选用网线时需注意线缆的材料。

7.4 视频存储设计

7.4.1 视频存储相关技术

7.4.1.1 视频存储技术

目前的数字视频领域中，最常用的是以下 4 种存储方式：硬盘存储、直接连接存储（Direct Attached Storage，DAS）、网络连接存储（Network Attached Storage，NAS）、存储区域网络（Storage Area Network，SAN）。

网络硬盘录像机（DVR）、网络视频服务器（DVS）后挂硬盘或是服务器后面直接连接扩展柜的方式，都是采用硬盘进行存储的方式。应该说使用硬盘进行的存储，并不能算作严格意义上的存储系统。其原因包含以下几点：首先，硬盘一般不具备 RAID（独立磁盘冗余阵列）系统，对于硬盘上的数据没有进行冗余保护，即使有也是通过主机端的 RAID 卡或者软 RAID 实现，严重地影响整体性能。其次，扩展能力极为有限，无法实现数据集中存储。再有，硬盘后期维护成本较高，特别是在 DVS 后挂硬盘的方式，其维护成本往往在一年之内就超过了购置成本。应该说硬盘存储方式不适合大型数字视频监控系统的应用，特别是需要长时间录像的数字视频监控系统。一般这种方式都是与其他存储方式并存于同一系统中，作为其他存储方式的缓冲或应急替代。

DAS 存储设备直接与服务器主机连接。采用 DAS 的方式可以很简单地实现平台的容量扩容，同时对数据可以提供多种 RAID 级别的保护。采用 DAS 方式，在视频存储单元上部署相关的主机总线适配器（HBA），用于与后端的存储设备建立数据通道。前端的视频存储单元可以是 DVR，也可以是视频存储服务器。其通道可以采用光纤、IP 网线、SAS 线缆或 USB 总线。采用 DAS 方式并不能同时支持很多视频存储服务单元同时接入，而且其扩容能力严重依赖所选择的存储设备自身的扩容能力。所以在大型数字视频监控系统中，应用 DAS 存储方式将造成系统维护难度的极大提升。正是由于 DAS 存储的这些特点，所以这种存储方式一般应用于对于 DVR 的扩容或者小型数字视频监控项目中。

NAS 通过网络连接存储系统，接口为 TCP/IP。NAS 对数据可以提供多种 RAID 级别的保护。NAS 设备和多台视频存储服务单元均通过 IP 网络进行连接，按照 TCP/IP 协议进行通信，以文件的 I/O（输入/输出）方式进行数据传输。一个 NAS 单元包括核心处理器，文件服务管理工具，一个或者多个的硬盘驱动器用于数据的存储。采用 NAS 方式可以同时支持多个主机端同时进行读写，具备非常优秀的共享性能和扩展能力；同时 NAS 可以应用在复杂的网络环境中，部署也非常灵活。但由于 NAS 采用 CIF/NFS 协议进行数据的文件级传输，所以网络开销非常大，特别是在写入数据时带宽的利用率一般只有 20%。所以目前 NAS 一般应用于小型的网络数字视频监控系统中或者只是用于部分数据的共享存储。

SAN 是指通过交换机等连接设备将磁盘阵列与相关服务器连接起来的高速专用子网。SAN 对数据可以提供多种 RAID 级别的保护。SAN 提供了一个专用的、高可靠性的存储网络，允许独立地增加它们的存储容量，也使得管理及集中控制更加简化。正是由于这些特点，SAN 架构特别适合用于大型网络数字视频监控系统的存储，可以应对上千、上万个前端监控点的存储。目前 SAN 主要分为 FC-SAN（光纤存储区域网络）和 IP-SAN（以太网存储区域网络），它们之间的区别是连接线路以及使用的数据传输协议不同。虽然 FC-SAN 由于采用专用协议可以保证传输时更加稳定、高效，但其部署方式、构建成本均较 IP-SAN 高出很多，所以目前在大型网络数字视频监控系统中更多采用的是 IP-SAN 架构。

7.4.1.2　RAID 级别

RAID 全称为 Redundant Array of Independent Disk（独立磁盘冗余阵列），就是一种由多块硬盘构成的冗余阵列。虽然 RAID 包含多块硬盘，但在操作系统下是作为一个独立的大型存储设备出现的。RAID 技术最初的研制目的是通过组合小的廉价磁盘来代替大的昂贵磁盘，以降低大批量数据存储的费用，同时也希望采用冗余信息的方式，使得磁盘失效时不会使对数据的访问受损失。

常用的 RAID 主要有：RAID0、RAID1、RAID5、RAID6、RAID10。

RAID0 是无差错控制的带区组，把数据分成若干相等大小的块，并把它们写到不同的硬盘上。要实现 RAID0 必须要有两个以上硬盘驱动器。RAID0

数据读取速度是最快的。比如所需读取的文件分布在两个硬盘上，这两个硬盘可以同时读取，那么原来读取同样文件的时间被缩短为 1/2。但是 RAID 0 没有冗余功能，如果一个磁盘（物理）损坏，则所有的数据都无法使用。

RAID1 是镜像结构（完全备份），通过磁盘数据镜像实现数据冗余。在写入时，RAID1 控制器将数据同时写入两个硬盘。当原始数据出现问题时，可直接从镜像拷贝中读取数据，因此 RAID1 支持热替换，安全性最高、成本也高，磁盘利用率只有 50%。

RAID5 是分布式奇偶校验码的独立磁盘结构。它是以数据的校验位来保证数据的安全，将数据段的校验位交互存放于各个硬盘上。这样，任何一个硬盘损坏，都可以根据其他硬盘上的校验位来重建损坏的数据。RAID5 的优点是提供了冗余性（支持一块盘掉线后仍然正常运行），磁盘空间利用率较高 [（$N-1$）/N]，读写速度较快（$N-1$ 倍）。RAID5 需要多 1 个盘作校验，任 1 块盘故障都不影响数据。RAID5 是继 RAID0 和 RAID1 之后，第一个能实现并发 I/O 的阵列，比 RAID1 更加划算，比 RAD0 更加安全。

RAID6 是两种存储的奇偶校验码的磁盘结构。它是对 RAID5 的扩展，额外增加了一个奇偶校验值，主要用于要求数据绝对不能出错的场合。当然了，由于引入了第二种奇偶校验值，所以其控制器的设计变得十分复杂，写入速度也不好，需要 N+2 个磁盘，同时用于计算奇偶校验值和验证数据正确性所花费的时间比较多，造成了不必要的负载。RAID6 需要多 2 个盘作校验，允许 2 块盘故障。

RAID10 是高可靠性与高效磁盘结构。这种结构其实是一个带区结构（RAID0）加一个镜像结构（RAID1）。因为两种结构各有优缺点，因此可以相互补充，达到既高效又高速还可以互为镜像的目的。这种新结构的价格高，可扩充性不好。主要用于容量不大但要求速度和差错控制的数据库中。

常用的 RAID 技术如图 7-4-1 所示。

7.4.2　视频存储设备的选用

实物保护系统中常用的视频存储设备包含数字硬盘录像机、网络硬盘录像机、磁盘阵列等。

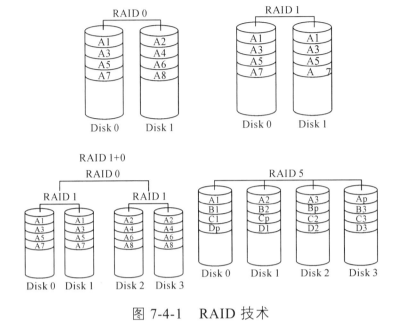

图 7-4-1　RAID 技术

7.4.2.1　数字硬盘录像机

数字硬盘录像机（Digital Video Recorder，DVR）是一种典型的将视频图像以数字方式记录保存在硬盘中的录像存储设备，是模数混合视频监控时代的标志产品，它的出现，让磁带录像机设备逐渐退出了历史舞台。DVR 可以看成是集视频采集、编码压缩、录像存储、视频显示输出等多种功能于一体的设备。

DVR 适用于模拟视频监控系统中，将模拟视频数据进行模数转换、数据编码、数字化存储。DVR 具有视频采集、模数转换、视频编码、硬盘写入、实时浏览、录像回放等功能。

目前，DVR 产品的存在形态主要有两部分：一部分是与视频矩阵配合使用，主要实现录像功能；还有一些小型视频监控工程中，可以脱离模拟矩阵的架构，建立以 DVR 为支撑的数字化视频系统，实现视频监控应用的虚拟矩阵、视频预览、回放、存储、PTZ 控制、软件管理等各种功能。DVR 在模拟视频监控时代采用较多，如今已渐渐退出历史舞台。

7.4.2.2　网络硬盘录像机

网络硬盘录像机（Network Video Recorder，NVR）是网络视频监控系统的存储转发部分，具有管理、分析、解码等功能，NVR 与视频编码器或网络摄像机协同工作，完成视频的录像、存储及转发功能。NVR 主要体现在其网络特性上，前端监控点安装网络摄像机或视频编码器。模拟视频、音频及其他辅助信号经视频编码器数字化处理后，以 IP 码流形式上传到 NVR，由 NVR 进行集中录像存储、管理和转发。NVR 是完全基于网络的全 IP 视频监控解决方案，可以基于网络系统任意部署及后期拓展。

NVR 与 DVR 之间存在着本质区别。DVR 将模拟视频进行数字化编码压缩并存储在硬盘上，而 NVR 从网络上获取经过编码压缩的视频流然后进行存储转发，NVR 的输入及输出都是已经编码并添加了网络协议的 IP 数据。NVR 可以实现各种方式进行存储，如 DAS、SAN、NAS 等，可以采取各种级别的 RAID 技术实现数据保护，并且 NVR 的集中存储方式更有利于存储设备的集中部署，从而降低存储设备成本、维护成本和机房成本。NVR 系统是真正的数字化、网络化、开放化的系统，配合前端高清摄像机可以实现真正的高清存储和视频转发。DVR 系统受制于模拟摄像机自身技术、通道传输带宽限制及芯片处理能力限制，无法实现真正的高清视频，最多支持 D1 分辨率。

对于分布式的大型视频监控系统，如果具有良好的网络建设、并计划部署集中存储设备，那么 NVR 系统架构是个很好的选择。对于小规模并且点位比较集中的应用场合，可以直接利用线缆将视频信号连接到 DVR 实现小规模、完整且成本较低的系统功能。

7.4.2.3　磁盘阵列

简单来说，磁盘阵列是一种把多块独立的硬盘按照不同组合方式组合起来形成一个硬盘组，从而提供比单个硬盘更高的存储性能并提供数据冗余的技术。

数据冗余的作用是在用户数据发生损坏后，利用冗余信息可以使损坏的数据得以修复，从而保障用户数据的安全性。在用户看来，通过 RAID 技术组成的磁盘组就像是一个硬盘，用户可以对它进行分区、格式化等操作。对磁盘阵列的操作与单个硬盘基本一样，不同的是，磁盘阵列的存储性能要比单个硬盘高很多，而且可以提供数据冗余。使用 RAID 系统的好处如下：使用 RAID 技术解决了单个磁盘容量的限制；使用 RAID 技术解决了单个磁盘读写速度的限制；使用 RAID 技术解决了数据可靠性问题。

目前，这也是在实物保护系统中使用较多的一种存储方式。

7.4.2.4　云存储

视频云存储系统是一套针对安防监控行业应用的专业级云存储系统，采用软硬件一体化设计，融合了集群应用、负载均衡、虚拟化、云结构化、离散存储等技术，可将网络中大量各种不同类型的存储设备，通过专业应用软件集合起来协同工作，共同对外提供高性能、高可靠、不间断的视频、图片数据存储和业务访问服务。视频云存储系统与通用的文件云存储系统在底层的云架构设计上有很多类似之处，但是视频云存储系统结合了视频和图片的数据特点进行深度的架构调整和应用融合。

云存储是在云计算概念上延伸和发展出来的一个新的概念，是指通过集群应用、网格技术或分布式文件系统等功能，应用存储虚拟化技术将网络中大量各种不同类型的存储设备通过应用软件集合起来协同工作，共同对外提供数据存储和业务访问功能的一个系统，所以云存储可以认为是配置了大容量存储设备的一个云计算系统。

视频云存储相较于传统的存储设备具备如下优势：

（1）提供更大的存储空间。在线升级扩展云存储系统，能够通过集群技术很容易获得 PB 级以上存储容量，存储扩展没有限制，可随时随地在线增加存储节点来满足存储容量扩展需求。

（2）极高的数据存取性能。传统的存储设备性能是有上限的，当达到上限时就会出现性能瓶颈，通过云存储技术可将存储节点的带宽聚合，随着存储节点的增加可实现带宽的线性增长，理论上带宽是无限的。同时云存储中数据文件是拆分成数据块进行条带化存储在多台物理存储节点上的，能够最快速地并发访问数据。

（3）数据访问安全性保障。云存储系统中的数据是加密存储的，而且数据在存储设备上是按照文件块存储的，因而无法直接进行访问，从而保证了用户数据的安全性和私密性，通过细粒度的用户权限管理可保证数据访问的安全性。

（4）可实现空间共享访问。云存储系统可以把一个存储池共享给多个用户进行访问；可以提供全域统一命名空间，提供标准访问接口，实现应用最佳访问效率，实现统一管理与共享。

（5）高效的集中管理。云存储是将存储相关的软硬件统一起来的虚拟化管理，通过一个入口可以对所有的存储与服务进行配置、管理、监控，减少系统管理工作量，提高服务质量和效率，降低管理成本。

7.4.2.5　硬　盘

无论是 DVR、NVR 还是磁盘阵列，都要搭配存储硬盘作为监控录像的载体。实物保护系统中，一般应该选用监控专用硬盘。监控硬盘是为常年不间断运行的数据存储系统特别设计的硬盘，具有功耗低、稳定性好、寿命长等特点。

硬盘的主要性能指标有容量、转速、传输速率、缓存。容量以字节（B）为单位，目前主流硬盘容量有 4TB、8TB、12TB、14TB、20TB 等。转速是硬盘盘片在 1 min 内所能完的最大转周数，转速的单位是 r/min。转速越快，内部传输率就越快，访问时间就越短，硬盘的整体性能也就越好。传输速率是硬盘读写数据的速度，单位为 MB/s。缓存是硬盘内部存储与外界接口之间的缓冲器，缓存的大小与速度直接关系到硬盘的传输速度。

硬盘接口分为 IDE、SATA、SCSI、SAS 和光纤通道 5 种，目前主流的是 SATA 和 SAS。SATA（Serial ATA）硬盘又叫串口硬盘，最高传输速率可达 600 MB/s。SAS（Serial Attached SCSI）即串行连接 SCSI，是新一代的 SCSI 技术和 SATA 硬盘相同，都是采用串行技术以获得更高的传输速度，并通过缩短连接线改善内部空间等。SAS 的接口技术可以向下兼容 SATA。

7.5　视频显示设计

7.5.1　视频显示系统的分类和分级

视频显示系统分为发光二极管（LED）视频显示系统、投影型视频显示系统、电视型视频显示系统。

LED 视频显示系统可根据使用环境分为室内型和室外型；根据显示颜色分为单基色、双基色和全彩色；根据系统的性能和指标分为甲、乙、丙三级。LED 视频显示屏由显示屏幕、屏体控制单元、电源模块、金属屏体框架等组成。《视频显示系统工程技术规范》（GB 50464—2008）中各级 LED 视频显示系统的性能和指标如表 7-5-1 所示。

表 7-5-1　各级 LED 视频显示系统的性能和指标

项　目		甲　级	乙　级	丙　级
系统可靠性	基本要求	系统中主要设备应符合工业级标准，不断运行时间 7 d×24 h		系统中主要设备符合商业级标准，不断运行时间 3 d×24 h
	平均无故障时间（MTBF）	MTBF＞10 000 h	10 000≥MTBF＞5 000 h	5 000 h≥MTBF＞3 000 h
	像素失控率 P_Z　室内屏	≤1×10^{-4}	≤2×10^{-4}	≤3×10^{-4}
	室外屏	≤1×10^{-4}	≤4×10^{-4}	≤2×10^{-3}
光电性能	换帧频率 F_H/Hz	≥50	≥25	＜25
	刷新频率 F_C/Hz	≥300	300＞F_C≥200	200＞F_C≥100
	亮度均匀性 B	≥95%	≥75%	≥50%
机械性能	像素中心距相对偏差 J	≤5%	≤7.5%	≤10%
	平整度 P/mm	≤0.5	≤1.5	≤2.5
图像质量		＞4 级		4 级
接口、数据处理能力		1. 输入信号：兼容各种系统需要的视频和 PC 接口； 2. 模拟信号：达到 10 bit 精度的 A/D 转换； 3. 数字信号：能够接收和处理每种颜色 10 bit 信号	1. 输入信号：兼容各种系统需要的视频和 PC 接口； 2. 模拟信号：达到 8 bit 精度的 A/D 转换； 3. 数字信号：能够接收和处理每种颜色 8 bit 信号	输入信号:兼容各种系统需要的视频和 PC 接口

　　投影型视频显示系统根据投影机工作方式分为背投影和正投影，根据投影机数量分为单屏显示和拼接显示。投影型视频显示屏由 M（层）×N（列）个独立的投影幕布单元组成。电视型视频显示系统可根据显示器件的种类分为阴极射线管显示屏（CRT）、液晶显示屏（LCD）、等离子体显示屏（PDP）等，根据显示屏的组成数量分为单屏显示和拼接显示。

　　投影型视频显示系统和电视型视频显示系统根据系统的性能和指标分为甲、乙、丙三级，其性能和指标如表 7-5-2 所示。

表 7-5-2　投影型和电视型视频显示系统的性能和指标

	项　目	甲　级	乙　级	丙　级
系统可靠性	基本要求	系统中主要设备应符合工业级标准，不断运行时间 7 d×24 h		系统中主要设备应符合商业级标准，不断运行时间 3 d×24 h
	平均无故障时间（MTBF）	MTBF＞40 000 h	MTBF＞30 000 h	MTBF＞20 000 h
显示性能	拼接要求	各个独立的视频显示屏单元应在逻辑上拼接成一个完整的显示屏，所有显示信号均应能随机实现任意缩放、任意移动、漫游、叠加覆盖等功能	各个独立的视频显示屏单元可在逻辑上拼接成一个完整的显示屏，所有显示信号均应能随机实现任意缩放、任意移动、漫游、叠加覆盖等功能	无
	信号显示要求	任何一路信号应能实现整屏显示、区域显示及单屏显示	任何一路信号应宜实现整屏显示、区域显示及单屏显示	无
	同时实时信号显示数量	≥M（层）×N（列）×2	≥M（层）×N（列）×1.5	≥M（层）×N（列）×1
	计算机信号刷新频率	≥25 f/s		≥15 f/s
	视频信号刷新频率	≥24 f/s		
	任一视频显示屏单元同时显示信号数量	≥8 路信号	≥6 路信号	无
	任一显示模式间的显示切换时间	≤2 s	≤5 s	≤10 s
	亮度与色彩控制功能要求	应分别具有亮度与色彩锁定功能，保证显示亮度、色彩的稳定性	宜分别具有亮度与色彩锁定功能，保证显示亮度、色彩的稳定性	无

项 目		甲 级	乙 级	丙 级
机械性能	拼缝宽度	≤1 倍的像素中心距或 1 mm	≤1.5 倍的像素中心距	≤2 倍的像素中心距
	关键易耗品结构要求	应采用冗余设计与现场拆卸式模块结构	宜采用冗余设计与现场拆卸式模块结构	无
图像质量		>4 级		4 级
支持输入信号系统类型		数字系统		无

7.5.2 显示屏的主要技术指标

1. 分辨率

分辨率是指构成图像的像素和，一般表示为水平分辨率和垂直分辨率的乘积。分辨率越高，画面包含的像素数据就越多，图像也就越细腻清晰。显示屏的分辨率受显示器的尺寸、电路特性等方面影响。

2. 点间距

点间距是 LED 屏的重要指标。LED 屏是由一个个的灯珠封装而成的，灯珠与灯珠之间的距离就是点间距，单位是 mm。点间距的大小直接影响的是 LED 屏的分辨率，点间距越小分辨率越高。目前 LED 屏的点间距已经突破了 1 mm。点间距越小，成本也就越高。

以前 LED 屏多用于户外场景，随着 LED 屏点间距越来越小，现在也有一些小间距 LED 屏用在室内。一般来说，可以根据观看距离除以 2 来选择点间距，例如，观看距离是 5 m，那么最好使用小于等于 P2.5 点间距的 LED 屏。

3. 视 角

视角包括水平视角和垂直视角。视角越大，则人们能清晰地观看到的屏幕内容就越多，也就是屏幕内容可让更多的人从不同角度清晰地观看到；反之，视角越小，人们能清晰地观看到的屏幕内容就越少，或屏幕内容只能让少数的人从较小的角度清晰地观看到。

4. 亮度和对比度

亮度的单位是 cd/m^2，一般来说，亮度越高，画面显得越亮丽和清晰。通常在设计时，亮度不可低于 300 cd/m²。高亮度的显示屏在显示一些阴暗场景时可能会清晰，但显示正常和明亮场景时会过亮，对眼睛的刺激也更大，长时间使用眼睛更容易疲劳。在选择时，一般要求亮度在一定范围可调。

对比度是指图像最亮的白色区域与次暗的黑色区域之间的比值。对比度越高意味着显示器所能呈现的色彩层次越丰富。通常对比度达到 200 就可以提供不错的显示效果了，不能盲目提高亮度来追求高对比度。

7.5.3　视频显示设备的选用

视频显示系统用以显示视频图像画面，常用的视频显示设备主要指监视器、显示器等。

7.5.3.1　单屏显示器

单屏显示器主要用在一些小型实物保护系统的控制中心，或者有监控需求的值班室。目前单屏显示器主要是 LCD。

当前，主流 LCD 显示器分辨率为 1920×1080（1080P）、2560×1440（2K）、3840×2160（4K）。

显示器的尺寸实际指的是其显示部分的对角线长度，单位是英寸（1 英寸=2.54 mm）。一般选用 19 英寸以上，如 23 英寸、27 英寸或更大，目前最大的有 108 英寸。屏幕长宽比有 4∶3、16∶9、21∶9 等。同一尺寸下，屏幕越接近正方形，实际显示面积越大。

7.5.3.2　拼接显示屏

一些大型实物保护系统中，控制中心要监控的摄像机信号源众多，因此需要用到拼接显示屏。随着光学显示技术的不断发展，目前视频拼接显示屏主要采用液晶（LCD）、等离子（PDP）、背投（DLP）、发光二极管（LED）等几种显示技术。

LCD 屏功耗低、无辐射、重量轻、画面亮度均匀，但是响应时间较慢，导致高速移动图像会出现拖尾现象。由于液晶拼接屏本身的组成必须要有一层边框包住里边的液晶体，所以 LCD 技术不能做到无缝拼接，只能是尽量地缩小边框，目前最小的接缝可以做到 1 mm 左右。

PDP 屏颜色鲜艳、高亮度、高对比度，在色彩上表现不错。但是该技术不适合长时间显示静态画面，否则屏幕会有严重灼伤（烧屏）现象，画质随时间递减，并形成每块拼接屏之间的色差。而且PDP在安装初期的亮度非常高，在使用一段时间（5000~10 000 h）后亮度衰减非常厉害，整体的维护成本也非常高。

DLP屏在色彩处理及还原能力方面与LCD和PDP有差距，但基于DLP技术的投影产品功能已经越来越强大和丰富，投影机本身几乎都具备了内置信号处理器，能够直接对一些视频、计算机信号进行显示处理，尤其是一些产品能够实现画中画的叠加处理显示。另外，DLP屏具有显示稳定、色彩更丰富更真实、维护成本低、使用寿命长、为纯数字产品、系统可扩展性高等优点，同时还具有无缝图像优势。但DLP屏占用空间较大，后期需定期更换光源。

7.6　视频智能分析

视频智能分析是利用数字图像处理、模式识别等相关技术对视频内容进行实时分析，自动检测感兴趣的目标或事件，以文本、图片或视频等方式输出分析结果。实物保护系统中运用视频智能分析技术，能够自动过滤无用的视频图像，让值班人员专注于有"价值"的视频，变被动监控为主动监控，达到安保事件"事前防范监控、事中预警处置、事后回溯分析"的目的。

7.6.1　视频智能分析的功能

7.6.1.1　运动目标检测

在视频中设定检测区域，对该区域内处于运动状态的目标进行检测；要求能检测出水平或垂直方向速度在15~200 px/s且宽度和高度均大于或等于16 px的单个运动目标，单目标检测率≥95%，误检率≤20%，能同时检测多个目标。

在视频中设定检测区域及正常运动方向，对区域内目标不按正常方向运动的事件进行检测（逆行检测）；应能检测出水平或垂直方向速度为15~200 px/s且宽度和高度均大于或等于32 px的逆行目标，检测率≥90%，误检率≤10%。

在视频中设定检测区域，对同一目标在该区域内运动超过一定时间的事件进行检测（徘徊检测），应能对宽度和高度均大于或等于 32 px 的徘徊目标进行检测，检测率≥90%，误检率≤10%。

7.6.1.2　物品检测

包括遗留物检测和物体移除检测，在视频中设定检测区域，对物体移入该区域或移出该区域且保持静止超过一定时间的事件进行检测；可对宽度和高度均大于或等于 32 px 的物体进行检测，检测率≥90%，误检率≤20%。

7.6.1.3　区域检测

包括绊线检测和入侵检测，绊线检测是在视频中设定一条或多条检测线，对目标以指定方向穿越检测线的事件进行检测；入侵检测是在视频中设定检测区域，对目标进入或离开该区域的事件进行检测。能检测出水平或垂直方向速度为 15～200 px/s、且宽度和高度均大于或等于 16 px 的绊线目标，检测率≥90%，误检率≤10%。

图 7-6-1　警戒范围识别和人员聚集识别

7.6.1.4　流量统计和目标识别

流量统计能对宽度和高度均大于或等于 16 px 的目标进行流量统计，目标流量统计误差应在-15%～15%范围内。目标分类能对人、车、其他物体进行区分，可对宽度和高度均大于或等于 64 px 的目标进行分类，分类准确率应大于或等于 80%。

7.6.1.5　视频质量分析

通过分析视频质量，发现视频信号丢失、聚焦模糊、位置移动、镜头遮挡、镜头喷涂等异常工作状态，从而发现人员破坏或设备自身故障。目前主要视频质量分析功能如下：视频信号丢失（断电或信号线）、图像过亮（认为光照）过暗（遮挡喷涂）、信号干扰、图像场景移位（镜头方向改变）。可对前端采集、编码设备日常状态进行监测跟踪，大大降低值班人员工作量，第一时间监测到故障，提高系统故障维护的响应速度，可覆盖视频传输、存储、解码各个环节。视频质量分析如图 7-6-2 所示。

（a）图像模糊

（b）图像有条纹

（c）图片有噪声

（d）图像被遮挡

（e）图像亮度异常

（f）信号丢失、黑屏

图 7-6-2　视频质量分析

7.6.2　视频智能化分析的两种架构

视频智能分析目前在实际应用中主要分为两类架构，分别是基于前端的视频分析和基于后端的视频分析。

前端解决方案即智能 DVS 或 IPC（Edge-based 模式），视频分析单元部署在前端的编码器或网络摄像机上，构建智能分布式、边缘式的视频分析系统，目前采用此种方法的视频智能分析系统较多。其优点是将具有智能分析功能的软硬件前置在视频采集端，后端服务器压力较小，适宜在系统中配置大量智能分析摄像机。

后端解决方案即后端服务器方式（Server-based），是在原有监控系统上增加视频分析功能的解决方案，视频分析单元部署在后端服务器，后端视频分析需要大量的运算处理资源。此种方式适用于已经建成的小规模视频网络的智能化升级改造，小规模处理性能更优，当系统需要同时处理大量视频分析时，系统的处理能力欠缺。

视频智能化分析两种架构的对比如表 7-6-1 所示。

表 7-6-1　视频智能化分析的两种架构

架构	前端	后端
模式	基于独立模块，或者 IPC/DVS，由 DSP 处理	基于 NVR 或独立分析服务器，由 CPU 处理
优点	分布智能、节省带宽、效果较好	运算资源丰富、开发简单周期短、灵活部署
缺点	开发周期长，固件升级，处理能力有限，通道变更麻烦	服务器负荷高，网络占用多

7.6.3　视频智能化应用示例

在实物保护系统中，可从外至内将实物保护区域内的智能视频分析按"圈—线—点—面"全方位部署，满足"纵深防御""均衡防御"的需求。通过视频智能分析，结合入侵探测系统和出入口管控系统，构造封闭周界探测圈、关键出入控制点、复杂道路追踪线、重点区域防护面。如图 7-6-3 所示。

通过在区域出入口、重点区域进行人脸布控，实现可疑人员精准定位、人流智能统计，提高管理效率，防范安全隐患。利用在人流出入口设置的摄像机，可以结合人脸抓拍，实现应急状况下人流情况统计。并且通过在各层实物保护周界出入口外进门方向布置人脸抓拍摄像机，在武警岗哨前设施人像警示显示终端，配套人像对比软件，对靠近出入口处的陌生人员进行识别显示，达到预警的目的。

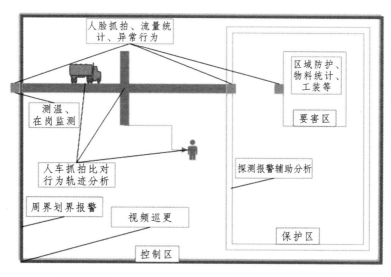

图 7-6-3　视频智能分析实物保护应用场景

人流统计和陌生人员识别如图 7-6-4 所示。

图 7-6-4　人流统计和陌生人员识别

7.7　视频监控系统设计原则与要点

7.7.1　设计原则

1. 覆盖被保护部位

在设计中，需要在满足目标有效识别的基础上有效覆盖被保护部位、区域和目标，根据监控需求确定监控区域。周界复核系统要求把包括周界屏障在内的无障碍区尽可能多地显示出来，能连续有效覆盖受保护区域，不存在盲区和死角。对于室内或出入口，一般要求能 24 h 不间断监控人员活动和进出情况。用于入侵报警复核的摄像机视野应能有效覆盖探测区域，有时，一个报警可能需要多台摄像机来复核，这样可能会导致费用增加。

视频监控系统监控区域的设置应该与入侵探测系统相互配合，在收到报警之后，可以确保任何报警位置都被监控区域所覆盖，有效提高系统的可靠性。

2. 适配现场环境

视频监控系统应满足现场使用环境（室内外温度、湿度、腐蚀性气体、大气压等）、建筑物分布格局、地形地貌、气候情况（风、雨、雪、雾、雷电、沙尘暴等）、干扰源环境（声、光、热、振动、电离和电磁辐射等）的要求，使环境对系统的影响最小。

设备的选择和布置应考虑阳光直射、阴天、大风、雨雪、沙尘、霜雾等自然条件对视频图像可能造成的不利影响,根据需要可采取图像增强、电子透雾、3D 降噪、电子防抖、背光补偿、增益控制、强光抑制等补偿措施。

7.7.2 摄像机选择要点

对于实物保护视频监控区域,主要包括周界、出入口、室内走廊、重要部位等,设计中需要根据各区域的特点和监控需求,选择不同类型的摄像机。

1. 周界

室外周界及道路监控,具有夜间照度低、距离长的特点,因此,可以考虑选用带辅助灯光和低照度的摄像机,可根据现场的情况,自由选择镜头焦距,以达到最佳的监控效果。

摄像机的安装注意事项包括视野、便于维护、防止内部和外部威胁。摄像机镜头应尽量避免影像中出现直射的阳光或灯光,安装时保持摄像机从光源方向对准监视目标。室外周界一般将摄像头置于内外层围栏之间,可在一定程度上防止恶意破坏。

2. 出入口

出入口往往光线反差比较大,可能存在摄像机安装位置背光的情况,普通摄像机很难看清进出人员的面部细节。因此,需要选用支持宽动态的摄像机。同时,夜间出入口车辆进出时,往往因为车头大灯的照射,无法看清车牌及车身细节。因此,需要选用支持强光抑制功能、具有宽动态响应的摄像机。

3. 室内走廊

室内走廊为狭长形监控区域,采用普通 16∶9 分辨率摄像机监控时的有效监控场景较小,因此,需要选用支持 9∶16 分辨率走廊模式的摄像机。

室内有美观要求的场所,可以选择半球摄像机。

4. 室外大范围

室外大范围场所,例如广场,视角较宽且距离又长,可能既要对监控区域的宏观状况进行观察,又要对其中的特定范围进行细节观察(如人的步态、人脸、车牌和车型等),一般选择球机、带云台的摄像机或全景摄像机。一般采用 30 倍变焦,分辨率也要求高一些。

7.7.3 存储计算

本节给出了一种视频存储容量计算的典型方法，具体容量需根据不同厂家的设备、冗余要求等进行计算和配置。

高清 IP 摄像机按单路视频图像码流 4 096 Kb/s、视频图像分辨率按 30 帧/s 计算，那么视频连续存储一个月的容量为：

$$60 \times 60 \times 24 \times 30 \times 4096 \div 8 \div 1024 \div 1024 = 1.24TB$$

模拟摄像机按单路视频图像码流 2048 Kb/s、视频图像分辨率按 4CIF（704×576）25 帧/秒计算，那么视频连续存储一个月的容量为：

$$60 \times 60 \times 24 \times 30 \times 2048 \div 8 \div 1024 \div 1024 = 0.62TB$$

7.7.4 显示屏设计要点

《核动力厂实物保护视频监控系统》（HAD 501 08—2020）规定，应根据现场条件和使用要求选择显示设备。当需要多画面组合显示时，可配置多画面分割器。显示设备的设置应与保卫控制中心其他设备统一考虑，做到布局合理、方便操作、易于维修。

多台显示设备同时显示时，可安装在显示设备柜或电视墙内，以获得更好的观察效果。显示设备的屏幕应避免受到外界强光直射，当有不可避免的强光直射时，应采取避光措施。显示设备的配置和安装应充分考虑值班人员对显示图像观察的人机关系。显示设备的数量应根据实际配置的管理使用要求和摄像机数量来确定。

7.8 本章小结

本章描述了视频监控系统的基本功能、系统构成和分类，对摄像机、视频传输、视频存储、视频显示等设备的技术指标、选用和设计进行了详细介绍，并简单介绍了智能化分析在实物保护系统中的应用，对设计有一定的帮助。

PART EIGHT

第 8 章

出入口控制系统设计

出入口是人员、车辆和物品进出核设施各保卫区域和场所的通道，通常分为人员出入口、车辆出入口、应急出入口以及由于工程施工可能短时间留用的临时出入口。出入口控制系统是实现实物保护系统探测、延迟功能的重要组成部分，直接关系到实物保护系统的有效性。出入口控制系统由用于核实出入权限、执行出入控制、探测违禁品的软硬件和程序组成，能够允许获准授权的人员、车辆、材料、物品进出被保护区域，拒绝并阻止未授权的人员、车辆、材料、物品进出被保护区域。

8.1 出入口控制系统概述

8.1.1 出入口控制系统的功能

出入口控制系统能够有效地识别和控制人员、车辆、物品的出入，并且对试图强行闯入、携带违禁品出入或非法转移核材料的行动起到探测和延迟作用。基本功能包括分区分级控制、满足人员和车辆通行、识别身份和进出权限、出入安全检查、提供有效屏障、监控出入信息。

1. 分区分级控制

根据实物保护分级分区管理原则，进入更高安全区域的授权人员数量尽可能少，通常授权进入保护区、要害区的人员数量应逐级降低。因此，需要对控制区、保护区、要害区的出入口实施不同的出入控制权限，并逐级加强。核设施不同区域的出入口不可以共用，同时应该采取相应的措施阻止未经授权的人员、车辆、物品从一个保卫区域进入另一个保卫区域。

2. 满足人员和车辆通行

出入口的出入能力应能满足正常和紧急情况下人员和车辆的通行。在设计中，需要根据进出被保护区域的最大班次人数、最大允许通行时间、出入口通道机构的类型，计算人员出入口的通道数量，并进行合理布置；根据进出车辆的尺寸、类型、检查要求，设计车辆出入口通道。

3. 识别身份和进出权限

出入口控制系统应该具有识别人员或车辆身份并鉴别授权的能力。系统采集并记录人员和车辆的基本信息，然后与系统中提前录入的授权人员车辆信息进行对比分析，对进出保卫区域的人员出入授权进行检查。

4. 出入安全检查

通过保卫人员、出入检查设备等，对进出保卫区域的人员、车辆、核材料和其他物品进行检查，防止带入或带出违禁品及非法转移核材料。

5. 提供有效屏障

出入口是周界实体屏障或建筑物实体屏障的一部分，出入口的防护能力应与其邻接的实体屏障相一致，以保持实体屏障的均衡性。

6. 监控出入信息

出入口控制系统能够实时监控并记录人员和车辆的出入授权、出入信息、检查和报警等信息，并具有事件查询、报表生成和打印等功能。在发生未经授权出入、控制设备遭破坏或人员遭胁迫等紧急事件时，需要立即向保卫控制中心发出报警信息。因此，出入口控制系统需要与视频监控系统联动，控制中心接收到出入控制报警信息时，能实时显示并记录现场的视频图像。

8.1.2 出入口控制系统的组成

出入口控制系统主要由出入识别设备、出入执行机构、违禁品探测设备、传输设备、管理控制软硬件等组成。

出入识别设备通过将人员或车辆携带的凭证或某些特征信息提取出来，并转换成电信号，传输给管理控制设备，与提前录入的人员和车辆授权数据比对，从而实现对人员和车辆的授权判断和出入管控。识别设备主要包括智能卡、读卡器、密码、指纹、虹膜、人脸、车牌等识别方式。

出入执行机构负责实际执行出入控制动作，接收控制设备发来的开门或关门信号并执行相应指令，允许或阻止人员或车辆通过出入口进出被保护区域。执行机构主要包括三辊闸门、速通门、旋转栅门等人员通道执行机构，电动伸缩门、电动滑门等车辆通道执行机构，以及防车辆闯入的抗撞装置等。

违禁品探测设备用于探测违禁品（如私自携带的武器、爆炸物、工具、核材料）出入受保护区域，当探测到违禁品时，显示相应信息，可联动执行机构锁闭，或通知保卫人员处置。

管理控制设备是出入口控制系统的中枢，现场控制设备负责接收识别设备的输入信号，根据预先设置的出入权限进行比对判断，向执行机构输出信号使其执行开锁或闭锁工作，接收执行机构的状态信号，同时将出入控制相关信息传送至管理设备进行显示、记录。管理设备通过良好的人机界面方便值班人员实时监控出入信息，对出入控制相关数据进行查询、统计等。

传输设备用于识别设备、执行机构、违禁品探测设备、管理控制软硬件之间的信号传输。

出入口控制系统典型架构如图 8-1-1 所示。

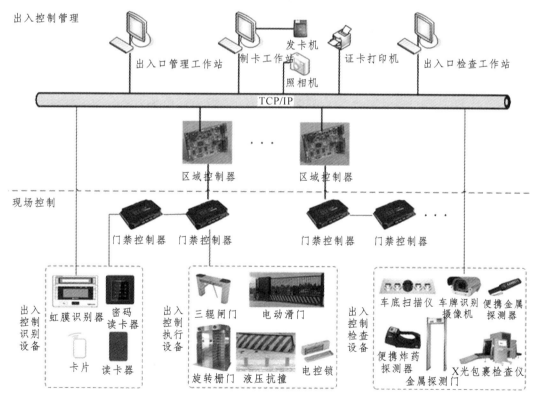

图 8-1-1　出入口控制系统典型架构

8.1.3　出入口控制基本概念

1. 出入口控制点

出入口控制点是指用于放行被授权、拒绝未被授权的人员和物品出入的受控物理通道或部位。

2. 生物识别和复合识别

生物识别是依据人体特有的生物特征信息或行为（如面相、指纹、手形、视网膜、体态等）进行人员辨别的方法。复合识别是采用两种或两种以上的人员识别技术，进行逻辑与/或运算的一种识别方式。

3. 违禁品

违禁品是指任何与实物保护目的相悖的物项。例如私自携带的武器、爆炸物、工具、核材料，可能会引发核材料盗窃行为或引起放射性物质释放后果的易燃物、金属屏蔽物、危险化学品、生物制剂等。

4. Ⅰ类错误和Ⅱ类错误

Ⅰ类错误是指合法进出请求被系统拒绝，也称拒认，指系统对某个经正常操作的本系统钥匙未做出识别响应，通常用拒认率（False Reject Rate，FRR）表示。

Ⅱ类错误是指非法进出请求被接收，也称误识，指将非本系统钥匙识别为本系统钥匙，或将系统某个钥匙识别为该系统的其他钥匙，通常用误识率（False Accept Rate，FAR）表示。

5. 防返传

防返传是为了防止持卡人通过某出入口进入某一保卫区域后，又把卡递给后面的人再次通过该出入口进入该保卫区域。区域防返传是指在由若干个出入口控制点位组成的同一保卫区域内，将这些出入口控制点位设置成相同的通行逻辑组，以实现该区域内跨出入口控制点之间的防返传控制方式。通过区域防返传，能够约束持卡人按照设定的轨迹进出保卫区域。

全局防返传是将所有出入口控制点均设置成防返传，从而组成若干不同等级的通行区域，不同通行区域之间的等级关系可以是包含、平行或相交。在某个通行区域内违反区域防返传的对象，在其他区域内的通行同样也会受到一定的限制。

6. 防尾随

防尾随是为了检测和防止非授权人员跟随授权人员通过某出入口控制点，即使用一次出入凭证，同时通过两个或多个人员。

7. 双人规则/多人规则

双人规则/多人规则一般用于储存核材料的库房出入口，双人规则/多人规则是指两个/多个授权人员同时在场，同时识别认证通过后才能打开某一出入口的锁，人员之间相互监督，从而降低非法接触核材料的风险。

8. 胁迫报警

胁迫报警是通过输入胁迫凭证（如胁迫码），向保卫控制中心发出被胁迫出入的警示。在胁迫报警的情况下，出入口的锁能正常打开，但同时，保卫控制中心还会收到胁迫报警信号。

9. 安全等级

根据《出入口控制系统技术要求》（GB/T 37078—2018），出入口控制系统按照保护对象面临的风险程度和对防护能力差异化的需求，分为四个安全等级，安全等级 1 为最低等级，安全等级 4 为最高等级。安全等级要限定到每个独立的出入口控制点。每个出入口控制点的安全等级取决于与之相关的设备（读卡器、出入口控制器、执行机构）、识别凭证及传输等部件中最低的安全等级。

8.2 出入识别

8.2.1 人员身份识别

人员身份识别是出入口控制系统的一部分，用于核实想要出入保卫区域人员的出入凭据。这种核实通常基于判断该人员是否持有有效的证件、拥有授权的个人识别号、或具备和该人员在登记时记录的特征相符的唯一的身体特征（如指纹）。出入口控制系统的人员身份识别技术主要有三类：第一类是定义识别，它识别的是人员携带的证件；第二类是个人识别码（PIN），即通过检验输入的密码是否正确来识别出入权限；第三类是生物特征识别，是基于目标自身所具有生理特征（如虹膜、指纹等）进行身份识别。

8.2.1.1 定义识别

定义识别包含各种人工识别证件、智能卡等。证件和卡片具有轻便、易于携带、方便使用等优点。人工识别证件是具有人员信息（如姓名、照片、许可权限）的个人通行证，常用于人工检查的人员出入口，或者用于临时进入核设施保卫区域的外来参观人员。证件一个很大的缺点是容易被伪造，致使未授权人员以欺骗的方式通过人员出入口。

智能卡是一种内嵌芯片的塑料卡，具备存储数据、处理数据以及读写等功能。智能卡根据卡片与读卡器之间通信接口的不同，可分为接触式卡和非接触式卡。接触式智能卡遵循相关的国际标准协议，通过卡片上的触点与读卡器进行数据通信。

最早的智能卡是 ID 卡，全称身份识别卡（Identification Card，ID），工作频率是低频，主要是 125 kHz。ID 卡片的卡面上会有一组数字（8 位或 10 位），即卡的编号，出厂时号码已经固化了，从严格意义上来说，ID 卡也不算智能卡。ID 卡是只读卡，不可写入，不具有加密功能，能轻易复制。目前 ID 卡已经很少使用了。

IC 卡全称是集成电路卡（Integrated Circuit Card），工作频率一般是 13.56 MHz，读写距离在 10 cm 以内，遵循 ISO 14443 标准。卡片上没有任何数字，可加密，可不加密，如果不加密可轻易复制，加密的也可以借助工具破解。IC 卡可读写数据，容量大，使用方便。目前 IC 卡已经广泛应用于很多领域。

CPU 卡内部带有微处理单元、存储单元、输入输出单元和操作系统，相当于一个微小型的计算机系统。不仅具有数据存储功能，同时具有命令处理和数据安全保护等功能。CPU 卡可以设置非常高的安全保障机制，实现很高的保密性能。目前，公交卡、身份证、银行卡和一些重要设施的门禁卡都是 CPU 卡。

读卡器是出入口控制系统信息输入的关键设备，关系着整个系统的稳定性。读卡器以固定频率向外发出电磁波，当感应卡进入读卡器电磁波覆盖范围内时，会触发感应卡上的线圈，产生电流并触发感应卡上的天线向读卡器发射一个信号，该信号带有卡片信息，读卡器将电平信号转换成数字序号，传送给出入口控制器，将卡号与数据库内的信息进行比对，从而得到全部信息。

读卡器根据读取卡片的类型分为 ID 读卡器、IC 读卡器、CPU 读卡器。出入口控制系统读卡器的协议主要有 RS-485 和韦根（Wiegand），韦根 26 和 34 是最常见的协议，这是可以由厂家自己定义的。韦根接口只需要两条线进行数据传输，分别是 DATA0 和 DATA1，在没有数据传输时，DATA0 和 DATA1 均保持高电平，当输出数据为 0 时，DATA0 线上出现负脉冲，当输出数据为 1 时，DATA1 线上出现负脉冲，以此来进行数据通信。

8.2.1.2　个人识别码

个人识别码（PIN）是让使用者自己记住的一组数字。使用者在识别键盘上输入自己的 PIN 码，系统将该数字和存储在系统中的数字进行比较，如果相同，则判断密码正确，打开门放行，反之则拒绝其进入。

PIN 码的优点是使用简单方便、系统处理容易、成本也低，使用者只需记住密码，无须携带其他介质。PIN 码的缺陷是使用者可能将数字告知未经授权的人使用，而且旁边的人容易通过手势记住别人的密码，因此安全性差；同时 PIN 码的速度较慢，如果进出的人员过多，则需要排队。PIN 码可以和锁做成一体即密码锁。目前，密码锁主要用于一些小区住宅、保险柜等。在实物保护系统中，通常将 PIN 码与自动识别卡组合使用，用带密码键盘的读卡器进行读取，键盘读卡器如图 8-2-1 所示，以进一步提高读卡识别的安全性。此外，还可以通过 PIN 码设置胁迫码，当持卡人受到威胁进入保卫区域时发出胁迫报警。

图 8-2-1　键盘读卡器

8.2.1.3　生物识别

生物识别技术是采用光学、声学、统计学、电子信息学等技术，利用人体固有的生理特性（如指纹、脸像、虹膜等）和行为特征（如笔迹、声音、步态等）来进行个人身份的识别。生理特征是人体固有的特征，长久不变，可靠性强；行为特征可能会随着个人习惯或刻意隐藏发生改变。

生物识别技术具有以下特点：

（1）随身性。生物特征是人体的固有特征，与人体唯一绑定，无须记忆密码或携带特殊工具，不会遗失。

（2）安全性。生物识别的对象是人自身具有的特征，很难伪造和冒用，相较于传统技术安全性有极大提高。

（3）唯一性。每个人拥有的生物特征各不相同。

（4）稳定性。成年人的生物特征比较稳定，随时间变化不大。

（5）广泛性。所有人都具有生物特征。

以下对常用的几种生物识别技术进行介绍。

1. 手形识别

手形识别是基于对手外形的测量，采集手的三维立体形状进行身份识别。由于手形特征稳定性高，不易随外在环境或生理变化而改变，使用方便，在过去的几十年里获得了较广泛的应用。这种识别技术分析的是手的几种轮廓特性，如手和手指在不同部位处的宽度、手指的长度、厚度以及弯曲程度。手形提取的好坏直接影响识别的准确性，为提高识别效果，可对上述参数进行加权处理。如果手指长度有利于参数的稳定性和识别的准确性，则该参数的权重可以大一些。

根据用于获取指形特征所扫描的手指数量的多少，主要可分为单手指扫描、整个手扫描（掌型机）和两个手指扫描（指型机）。从使用上来说，掌型机需要将整个手掌放在定位装置上。指型机定位点少，易于使用，体积可以做得小一些。

2. 指纹识别

每个人的指纹是独一无二的，指纹识别也是应用最早、最广泛、最成熟的生物识别技术。指纹识别技术通过分析人体指纹的总体特征和局部特征，并将其与数据库中的指纹特征点进行比对，从而鉴别个人身份。典型的指纹识别技术是通过纹形（弓、箕、斗）判别，用中心点位置及围绕中心点周围一组脊点和断点的坐标位置及夹角参数来建立识别模板，并在设定的门限范围内进行识别判别。

指纹识别的优点是，指纹特征的复杂度足以提供用于鉴别的特征，指纹采集和识别速度快，使用方便，指纹采集器小型化、价格低，适合大规模普及，已成功应用多年。随着指纹识别技术的成熟和成本的降低，指纹识别在刑侦、门禁识别考勤系统、移动电子设备解锁与支付等领域已经得到了广泛应用。

为了保持识别的可靠性，所有指纹识别都特别注重手指定位、准确的印迹分析和比较等方面。但是，某些人或人群由于特殊原因指纹特征少，难以采集成像，而且，指纹容易被获取及低成本复制，如指纹膜等。

指纹识别如图 8-2-2 所示。

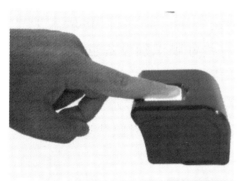

图 8-2-2　指纹识别

3. 静脉识别

静脉识别的一种方式是通过静脉识别仪取得个人静脉分布图，依据专用比对算法从静脉分布图提取特征值；另一种方式是通过红外线摄像头获取手指、手掌、手背静脉的图像，将静脉的数字图像存储在计算机系统中，实现特征值存储。静脉比对时，实时采集静脉图，运用先进的滤波、图像处理技术对数字图像提取特征和计算分析，与存储在数据库中的静脉特征值比对匹配，从而对个人进行身份鉴定，确认其身份。

静脉识别分为指静脉识别和掌静脉识别。掌静脉对比的静脉图像多，识别速度较慢，但安全系数较高；指静脉识别，对比的静脉图像少，识别速度快，相对而言安全系数低；两者都具备精确度高、活体识别等优势。

静脉识别的优点是，静脉藏匿于身体内部，其特征属于天然密码，活体识别；人的血管特征通常更加隐蔽，不易仿造，而且抗干扰性好。静脉识别由于其非接触性、活体识别和不易伪造等特性，适用于安全级别要求高的场所门禁系统，如银行金融系统和监狱系统等。

4. 虹膜识别

虹膜识别是基于眼睛中的虹膜进行身份识别。人的眼睛结构由巩膜、虹膜、瞳孔、晶状体、视网膜等部分组成。虹膜是位于黑色瞳孔和白色巩膜之间的圆环状部分，其包含很多相互交错的斑点、细丝、冠状、条纹、隐窝等细节特征。人体虹膜在胎儿发育阶段形成后，在整个生命历程中都是保持不变的。这些特征决定了虹膜特征的唯一性，同时也决定了身份识别的唯一性。因此，可以将眼睛的虹膜特征作为鉴别一个人的身份的对象。

人体虹膜特征复杂且独一无二，是目前最为精准可靠的生物识别技术。虹膜识别不需要物理接触，眼睛靠近识别设备（一般 10~30 cm）即可，适用于戴手套、口罩等护具的识别环境下，有些虹膜识别设备也可用于戴眼镜、穿全身防护服的人员识别。虹膜识别由于其精确性高，适用于高安全级别场所的门禁考勤、银行金融系统、司法监狱系统、煤矿等场所。

虹膜识别如图 8-2-3 所示。虹膜识别设备很难将图像获取设备的尺寸做到小型化，而且聚焦需要昂贵摄像头，设备造价较高。

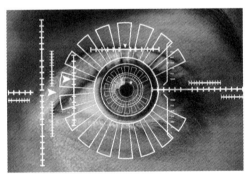

图 8-2-3　虹膜识别

5. 视网膜识别

与之前提到的虹膜识别不同，视网膜识别扫描的是眼底的血管图像。视网膜的图像上可以看到主血管和毛细血管两种类型的血管，其中毛细血管不仅特征不明显，还容易受到其他因素的干扰，如熬夜后满眼血丝。而视网膜上主要血管的特征比较明显，不易受到外界干扰，可以作为身份识别的特征。不过与虹膜相比，视网膜比较脆弱，如果头部受到冲击，就有可能导致视网膜出血甚至脱落，一些病变也会使视网膜的形态发生变化。所以视网膜识别的稳定性稍差一些。

在录入视网膜信息时，登记者必须朝视网膜扫描仪内部看，并对准扫描仪凝视约 0.2 s。通常要进行几次这样的图像扫描，并将这些数据进行数字化处理，然后将它储存在扫描仪的储存器中。视网膜识别时，用发射红外光的二极管发出强度非常低的非激光束，去扫描环绕视力中心的环形轨迹。扫描期间的反射光强度与光束位置的关系，能指示出视网膜血管的独特位置。识别的全过程大约需要 6 s。

6. 人脸识别

人脸识别是基于人的脸部特征信息进行身份识别，用摄像头采集含有人脸的图像或视频流，并自动在图像中检测和跟踪人脸，进而对检测到的人脸进行脸部识别的一系列相关技术，通常也叫做人像识别、面部识别。

由于人脸识别的直观性、可靠性，该技术得到快速发展。二维扫描识别技术，通常是计算五官之间的距离来识别面孔。而当面部与摄像机的夹角改变时，五官之间的距离就改变，判断就会产生误差。现在发展比较快的是三维扫描面相识别技术，三维扫描是前置摄像机拍下人员面部图像，两侧的激光发射器发射出低能量的激光束扫描其头部两侧面的轮廓，计算机将面部图像与侧面图像组合起来，得到其头部的三维图像。三维扫描要比二维扫描精确得多，但是会有较高概率出现被系统拒绝注册的情况。

人脸识别为非接触式识别，安全便利，不需要专门配备人脸采集设备，采集设备使用普通摄像头或直接使用人脸图片，几乎可在无意识的状态获取人脸图像，没有"强制性"。但是人脸识别对环境敏感，受光线、聚焦、姿态影响较大，随时间推移人体面部特征变化较大，必须不断认证并更新特征。实现活体识别则需人员配合或结合其他技术。

人脸识别在不同模式下分别适用于不同的应用场景。1∶1 模式主要应用于一对一的身份识别场景，用以证明"你是你"。如刷脸支付、酒店入住、考试身份核验、人证比对等。1∶N 模式主要应用于一对多的人脸识别场景，从 N 张脸中找出目标人物，找出"你是谁"。如公司的刷脸考勤系统。$M∶N$ 模式主要应用于一些人流量大、需要保障公共安全的地方，如火车站、演唱会和大型体育赛事中，人通常不停留在一处，处于运动状态。

人脸识别如图 8-2-4 所示。

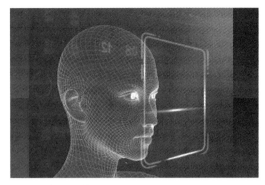

图 8-2-4　人脸识别

7. 声纹识别

声纹识别是一种生物行为特征识别。声纹识别设备测量、记录声音的波形和变化，并进行频谱分析，经数字化处理之后形成声音模板加以存储，使用时将现场采集到的声音同登记过的声音模板进行匹配，来识别目标身份。

声纹识别具有以下优点：声纹特征获取方便，为非接触式，声纹获取可在不知不觉中完成，使用者接受度较高。声纹识别算法复杂度低，获取语音成本低廉，只需要一个麦克风即可，使用简单。目前虽然有些产品进入市场，但是使用起来存在一些问题。例如声纹识别容易受环境噪音和录音设备影响，人的声音易受身体状况、年龄和情绪等的影响。

公安司法中对于各种电话勒索、绑架、电话人身攻击等案件，利用声纹辨别技术可在录音中找出嫌疑人或者缩小侦查范围；利用声纹识别技术结合视频、密码对电话银行、远程炒股、养老金领取资格确认等业务中的用户身份进行确认。

声波识别如图 8-2-5 所示。

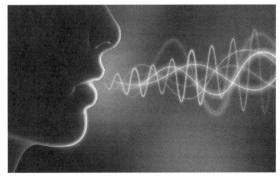

图 8-2-5　声纹识别

8. 步态识别

步态识别是一种新兴的生物特征识别技术，因为人们在肌肉力量、肌腱和骨骼长度、骨骼密度、协调能力、体重、肌肉和骨骼的受损程度等方面存在细微的差异，所以人们的走路姿势都会存在差别。步态识别通过人们走路的姿态进行身份识别，与其他生物识别技术相比，步态识别具有远距离和不容易伪装等特点。

步态识别具有一定的优势，例如适用于远距离生物识别，识别距离可达50 m，不需识别者配合即可悄无声息地完成识别，甚至可以从背面对人员进行识别，这是其他生物识别技术无法比拟的。但是，步态识别的输入是一段行走的视频图像，由于图像的数据量较大，因此步态识别的计算复杂性比较高，处理起来也比较困难，而且步态容易受身体状况、崎岖道路等因素的影响。到目前为止，步态识别在国内商业化的应用较少。

表 8-2-1 对各种生物识别技术进行了比较。

表 8-2-1　生物识别技术比较

项　目	指纹识别	人脸识别	虹膜识别	静脉识别	声纹识别	步态识别
安全等级	高	较高	极高	高	中	中
易用性	高	高	中	高	高	高
可能导致错误因素	指纹磨损	光线、年龄增长	光线	手指手掌损伤	噪声、感冒、气候	身体状态、道路崎岖
准确性	高	高	极高	高	中	中
用户接受	高	高	中	高	高	高
长期使用稳定性	高	较高	极高	高	中	较高
成　本	中	高	高	高	低	高

8.2.2　车辆识别

常用的车辆识别有远距离读卡器、车牌识别等。

8.2.2.1　远距离读卡器

远距离读卡器（图 8-2-6）是采用射频识别技术，实现远距离读写电子标签的装置。远距离读卡器的读写距离可以在 3～25 m 的范围，实现车辆低速无障碍通行下的识别。针对车辆的身份识别和电子扣费，相关部门制定了国家标准，也称为 ETC 标准，采用 5.8 GHz 的基波频率，实现不停车的情况下自动识别车辆信息，自动扣费并放行车辆。这一技术在高速公路收费和停车场管理中已得到有效应用。停车场管理系统中，应用较多的是蓝牙卡，该卡是采用 433 MHz 无线射频和 38 kHz 红外频段组合方式的远距离有源卡。对于进出核设施保卫区域的车辆，都要经过安全检查，不允许自动放行，因此，这种远距离读卡器很少应用。

图 8-2-6　远距离读卡器

8.2.2.2　车牌识别

牌照号码是车辆的唯一身份标识，因此可以作为车辆的身份识别凭证。车牌识别利用计算机技术、视频图像技术，对摄像机拍摄的车辆图像或者视频序列进行分析，自动提取车辆牌照信息（含汉字字符、英文字母、阿拉伯数字及号牌颜色）并进行处理，得到每辆汽车唯一的车牌号码，从而完成识别过程。

车牌识别系统一般由车辆抓拍摄像机、车辆位置检测器（检测线圈/雷达）、管理控制终端等组成，如图 8-2-7 所示。抓拍摄像机用于车辆经过时的抓拍；车辆检测器通过地感线圈或雷达检测通行车辆的位置，触发摄像机抓拍车牌；管理控制终端负责车辆信息的采集、上传、处理、存储和管理。在车辆通过出入口时，车牌识别系统能准确拍摄车辆前端及车牌的图像，并将图像和车辆通行信息传输给管理控制终端，系统能准确记录车辆通行信息，如时间、地点、方向等，在图像中叠加显示车辆通行信息（如时间、地点等）。

图 8-2-7　车牌识别系统

车牌识别技术要求能够将运动中的汽车牌照从复杂背景中提取并识别出来，通过车牌提取、图像预处理、特征提取、车牌字符识别等技术，识别车辆牌号、颜色等信息，目前，字母和数字的识别率可达到99.7%，汉字的识别率可达到99%。车牌识别技术可以在汽车不做任何改动的情况下实现汽车身份的自动登记及验证，这项技术已经广泛应用于公路收费、停车管理、交通执法等各种场合。近年来，车牌识别在实物保护系统中也逐渐得到广泛应用。

8.3　出入口通道执行机构

8.3.1　人员通道

用于人员通道出入控制的机构主要有电控门、三叉旋转门、速通门、全高旋转栅门和金库门。

1. 电控门

电控门是指安装电控锁的门。出入口控制系统中，电控锁是应用最广泛的锁具，通常安装在保卫区域的出入口门上，如周界应急出入口、建筑物设施出入口。电控锁与门一起作为执行机构，接收控制设备的开门/关门信号来控制人员的进出。安装电控锁的门不能对每次开门进出的人员数量进行有效控制。因此，不能防止人员尾随进入。

电控锁是由继电器控制的装置，通过电压来控制开锁和关锁，需要有电源方能动作。电控锁开锁电流较大且使用频繁，所以设计中应该保证电控锁电源的可靠性。电控锁包括两部分，锁体的通电部分安装在门框上，非通电部分安装在门扇上。电控锁的类型有很多，按原理可分为磁力锁、电插锁、阳极锁、阴极锁等；按开门方式分为通电开型、断电开型，前者安全性较高，但可能与消防规范相悖。磁力锁在通电时上锁，当电源瞬时关闭时，门处于非锁闭状态，因此只能为断电开型；电插锁和阴极锁可以用作通电开型和断电开型。

门的种类多种多样，根据材质可分为金属门、玻璃门、木门、栅栏门等，根据门扇数量分为单扇门、双扇门等，根据开启方式可分为平开门、推拉门等，根据防护能力分为防盗安全门、防火门等。设计中，应该根据门的类型和保卫区域的特性，合理地选择电控锁。电控锁应该安装在出入口控制点的内侧，其线缆应受到保护，以防止非授权人员在外侧进行破坏。

电磁锁如图 8-3-1 所示。

图 8-3-1　电磁锁

2. 三辊闸和速通门

三辊闸和速通门适用于人员出入口需要进行安检或控制的通道。在核设施中，通常用于控制区或建筑物的人员出入口，同人员识别装置一起控制人员的进出。

三辊闸[图 8-3-2（a）]又称三棍闸或三叉旋转门，由三根杆组成，杆的空隙只能容纳一个人员通过，可单向或双向通行，人员通行速度 20～30 人/分钟。一次只允许进一个人或出一个人，能避免两人或多人一块进或出，具有很好的防尾随功能。在接到通行信号时，三辊闸释放中间的转子栏杆，使它允许按过人信号要求的方向旋转一个 120°，放一人通过。在行人通过后和待机状态下，三棍闸锁定转子栏杆，使其不能转动。三辊闸一般为合金铝或不锈钢材质，可安装在室内或室外环境。

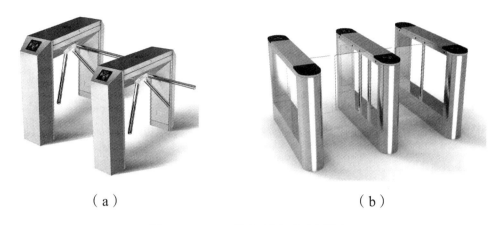

（a）　　　　　　　　　　　　　　　（b）

图 8-3-2　三叉旋转门和速通门

速通门[图 8-3-2（b）]根据门翼运动方式的不同分为伸缩式和摆动式，伸缩式门翼从箱体内部伸出，对通道进行有效封闭，同时门体内部装有红外感测装置，可实现一人一卡单次通行的目的，同时也可以防止夹伤人员。摆动式门翼运行方向为前后运行，运行过程处于人体视线范围之内，更加安全，不会由于行人躲避不及时对人体造成伤害。速通门的通道宽度可以定制，可允许携带行李及驾驶非机动交通工具进出。

3. 旋转栅门

全高旋转栅门（图 8-3-3）适用于高安全要求场合中人员出入口需要进行安检或控制的通道。在核设施中，通常用于保护区、要害区或建筑物的人员出入口。

表 8-3-3　全高旋转栅门

旋转栅门由旋转翼、固定挡杆、控制箱等部件组成。一般采用四扇 90°旋转翼，旋转翼的栅杆长度需要满足人员通行需求。旋转栅门有单通道和双通道两种，单通道旋转门宽度约 1.5 m，双通道门宽度约 2.2～2.4 m，每个通道一次只允许进一个人或出一个人。旋转栅门同人员识别装置一起控制人员的进出。在接到通行信号时，旋转栅门释放中间的转子栏杆，使它允许按过人信号要求的方向旋转一个90°，放一人通过。在行人通过后和待机状态下，旋转栅门锁定转子栏杆，使其不能转动。为防止人员从转栅之间进出，要求旋转栅门上下相邻两个转栅之间，以及转栅与顶盖、地面的距离不大于150 mm。

4. 金库门

金库门（图 8-3-4）主要用于一些重要库房的出入口，《金库门通用技术要求》（GB 37481—2019）对金库门的分类、防护级别和试验要求等有明确要求。

图 8-3-4　金库门

8.3.2　车辆通道

用于车辆通道出入控制的设备有电动伸缩门、电动滑门、电动折叠门和车辆抗撞装置、电动挡杆等。

1. 电动伸缩门

电动伸缩门（图 8-3-5）通常用于控制区的车辆出入口。电动伸缩门可以由值班人员手动控制，也可以同人员识别装置一起自动控制车辆的出入。

电动伸缩门是由杆件铰接组成多个平行四边形结构，通过电动开门机驱动轨道上的地轮使门体伸缩，完成大门的开启和关闭。伸缩门分为单门单向开启和双门双向开启两种形式，可采用有轨型和无轨型，一般由伸缩门体、机头、控制器三部分组成。伸缩门体整体为金属结构，门扇及门体材料有喷塑碳素钢、不锈钢、铝合金等。机头包括驱动器和电气部分，固定在门体的一端，带动门体伸缩运动。控制器包括控制盒、控制器和遥控器等，用于发送和接收指令控制大门的开、关。

图 8-3-5 电动伸缩门

2. 电动滑门

电动滑门分为电动推拉门（有轨）和电动悬臂平移门（无轨）两种，如图 8-3-6 所示。推拉门通过门扇下设置的行走轮在导轨上行走。门扇上部装有导向轮，确保门扇直立运行。电动推拉门由开门机通过齿条驱动起到启闭门扇的作用，停电时可打开离合器，手动开启或关闭门扇。推拉门分为单向推拉和双向推拉两种形式。门扇及门体材料有喷塑碳素钢、不锈钢等。门体运动速度一般为 7 ~ 20 m/min。

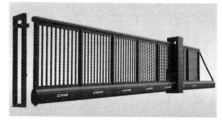

图 8-3-6 电动推拉门和电动悬臂平移门

悬臂平移门通过底梁内部支撑轮在通道上悬挑行走，门柱上部装有扶持轮，确保门扇直立运行。大门在通道上没有轨道，方便车辆进出。悬臂平移门由开门机构（电机）控制门扇开启或关闭，在停电时，可用定制释放钥匙操作释放装备，手动启闭门扇。悬臂平移门也可以分为单向平移和双向平移两种形式。门扇及门体材料有喷塑碳素钢、不锈钢等。门体运动速度一般为 7 ~ 20 m/min。

3. 电动折叠门

电动折叠门（图 8-3-7）是通过门轴连接门柱和门扇折叠启闭的大门，门轴采用滚动轴承，折叠灵活轻便。折叠门分为无轨和有轨两种形式，有轨折叠门可有多组门扇，每隔一扇门有一组地滑轮，门扇稳定性好，开启灵活。电动折叠门的优点是开合时不占用门柱外侧空间，但是相较于电动滑门，其抗撞能力较弱，安全性相对不是很高。

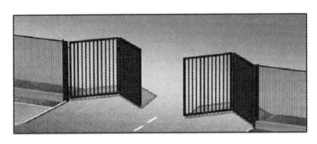

图 8-3-7　电动折叠门

4. 车辆障碍装置

车辆障碍装置通常用于一些防止车辆强行进入的地方，实物保护系统中通常使用的车辆障碍装置有以下几种形式：

（1）混凝土车障，用于阻止非法车辆穿过周界，每个车障之间可用钢环连接起来。

（2）沟式、凸式车障，如减速带，用于使车辆减速行进。

（3）升降式车辆抗撞装置，按形式可分为铲式和柱式两种（图 8-3-8），按驱动方式可分为液压驱动和电动两种。铲式抗撞装置通常为液压驱动，升降较平稳，升起 70 mm 高度一般需要 10 s 左右。柱式液压抗撞装置升降速度与铲式差别不大，柱式电动抗撞装置升起 70 mm 高度一般需要 5 s 左右。

图 8-3-8　柱式抗撞装置和铲式抗撞装置

（4）火车车障，一般采用火车岔道器（图 8-3-9）。未经许可，火车不能进入保卫区域,若强行进入,火车将进入岔道,脱离主轨道。

图 8-3-9　火车岔道器

8.4　违禁品检查

违禁品包括未经批准的武器、屏蔽材料、爆炸物、核材料和工具等。屏蔽材料可用于存放少量核材料,使得核材料被带走而不被核材料探测器探知。武器、爆炸物及某些工具可被敌手用来接近核材料或进出要害部位。违禁品检查仪器是指为了探测武器、爆炸物和核材料,以及任何设计用来扫描进出指定区域的物项、人员和车辆的电子仪器。

人员、车辆出入重要保卫区域时,必须检查有无携带违禁品。车辆搜查的流程复杂,容易出现漏检,因此应尽量减少机动车进入保护区域。

8.4.1　用于人员检查的探测器

8.4.1.1　金属探测器

金属探测器应该具有以下两个功能:一是必须探测到企图用来攻击或破坏的武器或工具;二是必须探测到用来屏蔽核材料的金属物。

金属探测器可分为两类:主动式和被动式。主动式金属探测器会产生一个交变的电磁场,并对进入该电磁场的金属物做出响应;被动式金属探测器则是靠金属物对探测器周围的磁场扰动做出响应。由于被动式金属探测器探测能力有限，通常采用主动式金属探测器。

常用的主动式金属探测器有门式金属探测器和便携式金属探测器两种，如图 8-4-1 所示。

图 8-4-1   门式金属探测器和便携式金属探测器

门式金属探测器安装在人员进口处，便携式金属探测器由保卫人员携带，对进入人员进行检查。

8.4.1.2   包裹检查设备

对进出保卫区域的人员携带的包裹要进行检查，防止带入违禁品，通常采用的 X 射线检查装置。

X 射线包裹检查设备根据被检物的有效原子序数，分辨出有机物、无机物和混合物（或轻金属）并在图像上赋予不同的颜色，有助于保卫值班人员对图像进行识别和判断，一些检查设备还具有爆炸物和毒品的辅助探测及报警功能。

X 射线照射到生物机体时，可使生物细胞受到抑制、破坏甚至坏死，致使机体发生不同程度的生理、病理和生化等方面的改变，在应用 X 射线的同时，也应注意其对正常机体的伤害，注意采取防护措施。

常见的包裹检测设备如图 8-4-2 所示。

8.4.1.3   爆炸物探测器

爆炸物探测器对进入的人员进行检查，探测人员是否携带爆炸物。

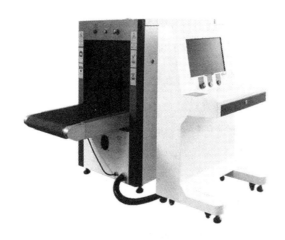

图 8-4-2　包裹检测设备

爆炸物探测有两种方法：一是收集人员携带的或包裹中的爆炸物气体并进行分析，为被动的探测方法；二是发射 X 射线或中子束来主动探测容器内的或无气体的爆炸物质，为主动的探测方法。爆炸物探测应注意两点：一是将通常用于检查货物或行李爆炸物的方式（如 X 射线或中子活化）用于检查人员是不合理的，因为这些方式会对人员造成伤害。应采用被动爆炸物探测对人员进行检查，这样能保障被检查人的安全，即通过探测爆炸物释放出的气体进行探测。二是爆炸物种类非常多，一种爆炸物探测器不可能有效探测所有爆炸物。

图 8-4-3 所示为某种爆炸物探测器。

图 8-4-3　爆炸物探测器

8.4.1.4　人员通道核材料探测器

人员核材料探测器（图 8-4-4）用于探测在离开保护区的人员是否夹带了核材料。核材料可用被动的或主动的方法探测：被动探测方法使用 γ 射线和中子探测技术来探测核材料发射出的射线。主动探测方法是使用中子活化或X射线技术进行核材料探测。主动探测方法不能用于人员检查。

目前所选用的核材料探测器主要是利用特殊核材料发射的γ射线进行探测。

图 8-4-4　人员通道核材料探测器

8.4.2　用于车辆检查的探测设备

1. 手持金属探测器

在对车辆进行金属违禁品检查时，由于车辆本身为金属，大型金属探测设备不宜使用，所以需要警卫人员手持金属探测器进入汽车内部进行违禁品的检查，必要时可将物品卸下进行检查。

2. 车辆核材料探测器

车辆核材料探测器用于探测在离开保卫区域的车辆中是否非法携带核材料。车辆核材料探测器的探测原理与人员检查设备中的核材料探测器相同。

在实物保护系统车辆检查设备中，通常选用柱式核材料探测器或便携式核材料探测器对车辆进行核材料的检查。柱式核材料探测器安装在车辆检查通道两边，如图 8-4-5 所示。

3. 车底扫描系统和车底检查镜

检查人员可以利用车底扫描系统[图 8-4-6（a）]或车底检查镜[图 8-4-6（b）]对不便检查的部位进行检查，例如可以检查车厢的底部是否携带有违禁品和非法人员等。

图 8-4-5　车辆通道核材料探测器

　　车底扫描系统通常由大视角成像设备、照明灯、显示器、控制管理设备等组成，成像设备和照明灯布设在车辆进出通道上，能够实时检查过往车辆的底盘。在车辆通过时能够迅速地生成清晰的车底盘图像，并实时记录下车牌号，及时发现汽车底部藏匿炸弹、弹药、工具等行为。检查时，一般要求车速不高于 30 km/h。

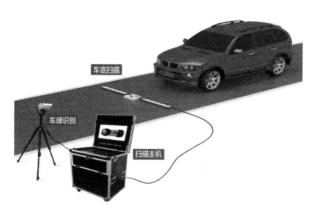

（a）车底扫描系统　　　　　　　　　　（b）车底检查镜

图 8-4-6　车底扫描系统和车底检查镜

8.5　管理控制软硬件

8.5.1　出入口控制系统的类型

8.5.1.1　按硬件构成分类

1. 一体型

出入口控制系统的各个组成部分通过内部连接、组合或集成在一起，实现出入口控制的所有功能。一体型的典型产品就是民用市场广泛应用的智能锁，其锁芯、指纹和（或）密码及控制器合为一体，其安全性不高，也只能控制一个门，无法实现双门互锁等功能。

一体型出入口控制系统的组成如图 8-5-1 所示。

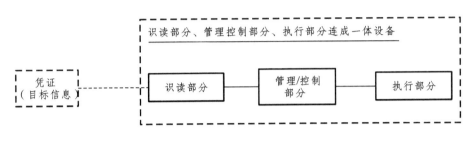

图 8-5-1　一体型出入口控制系统的组成

2. 分体型

分体型出入口控制系统的各个组成部分之间通过电子、机电等手段连成为一个系统，如图 8-5-2 所示，实现出入口控制的所有功能。相较一体型出入口控制系统，分体型出入口控制系统安全性更高、功能更丰富、专业性更强，是实物保护系统广泛使用的类型。

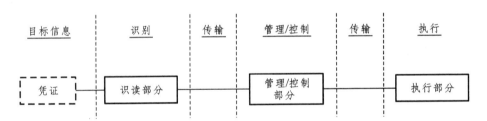

图 8-5-2　分体型结构组成

8.5.1.2　按现场设备连接方式分类

1. 单出入口控制设备

单出入口控制设备是由仅能对单个出入口实施控制的单个出入口控制器所构成的控制设备，其组成如图 8-5-3 所示。

2. 多出入口控制设备

多出入口控制设备是由能同时对两个以上出入口实施控制的单个出入口控制器所构成的控制设备，其组成如图 8-5-4 所示。

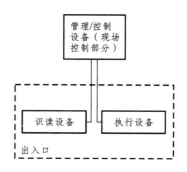

图 8-5-3　单出入口控制设备组成

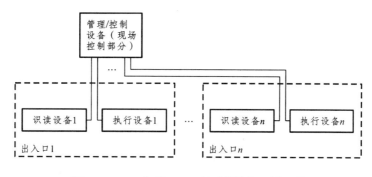

图 8-5-4　多出入口控制设备型组成

8.5.1.3　按联网方式分类

1. 现场总线网络型

分为普通总线制和环形总线制两种。普通总线制是现场控制设备通过联网数据总线与出入口管理中心的显示、编程设备相连，每条总线在出入口管理中心只有一个网络接口，如图 8-5-5 所示。环形总线制是控制设备通过联网数据总线与出入口管理中心的显示、编程设备相连，每条总线在出入口管理中心有两个网络接口，当布线有一处发生断线故障时，系统仍能正常工作，并可检测到故障的地点，如图 8-5-6 所示。

2. 以太网网络型

现场控制设备与出入口管理中心的显示、编程设备的连接采用以太网的联网结构，如图 8-5-7 所示。

3. 单级网

现场控制设备与出入口管理中心的显示、编程设备的连接采用单一联网结构，如图 8-5-8 所示。

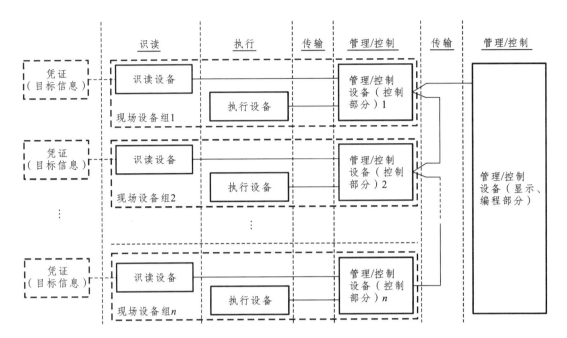

图 8-5-5　普通总线制系统组成

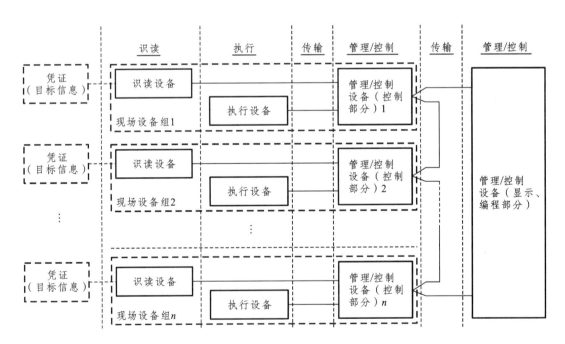

图 8-5-6　环形总线制系统组成

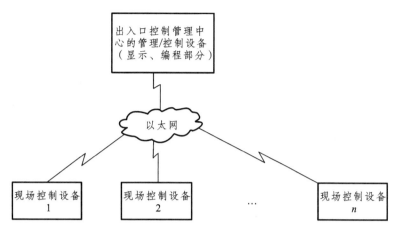

图 8-5-7　以太网网络型系统组成示意图

图 8-5-8　单级网系统组成示意图

4. 多级网

现场控制设备与出入口管理中心的显示、编程设备的连接采用两级以上串联的联网结构，且相邻两级网络采用不同的网络协议，如图 8-5-9 所示。

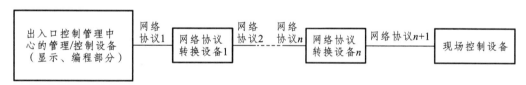

图 8-5-9　多级网系统组成示意图

8.5.2　出入口控制器

出入口控制器也称门禁控制器，是指能够按照预设规则处理从识读装置发来的信息，并对出入口通道执行机构实施控制，同时记录相关信息的电子设备。

出入口控制器能够接入定义识别装置、生物识别装置，接收通道执行机构状态信号，包括通道门的锁闭或打开状态、辅助检测等信号；接收出入口各类报警信号，包括违禁品检测装置、包裹检查设备、现场控制设备的防拆开关等信号；接收控制输入信号，包括系统远程解锁、紧急启停、出门按钮或开关信号。

8.5.3 制卡及身份信息采集

随着信息化的发展以及生物识别技术在出入口控制系统的应用，证卡制作的需求不再仅仅是打印输出一张证卡，信息智能采集、证卡输出、数据管理、写卡验证等一体化的功能是证卡制作的趋势。制卡系统除了可以对包括姓名、性别、部门、身份证号码等在内的个人身份基本信息录入以外，还应该具备智能化信息（照片、身份信息、指纹、虹膜等）采集功能。

照片采集，通过电脑直接控制相机拍照，所拍照片比例大小可自定义，省去了传统方式照片采集的麻烦，如信息对应、照片区域选择的问题。身份信息采集，可以直接提取身份证内的信息用于基本信息建档，一方面确保身份信息的真实性，另一方面提高了信息采集的效率和准确度。指纹、虹膜等生物特征信息采集，生物特征信息、照片以及身份信息共同构成了安全的基本信息系统。

8.5.4 出入口管理设备

管理设备主要用来对出入口控制系统的信息进行显示、存储，对出入口设备进行编程设置。

管理设备能接收、显示和记录各个出入口设施的实时信息（包括读卡及生物识别信息、人员及设备信息）、状态信息及报警信号（包括通信报警、各种非法侵入或操作报警信号），同时具有短路、断路报警，对所有输入/输出均作短路、断路报警检测。发生报警时，需要与视频监控系统进行联动，能显现报警现场的视频图像。

管理设备可以对出入人员的类型进行定义，如正式职工、临时人员、施工人员等，可以对人员的出入权限进行编程，授权某个人在某个时间段进出特定的某个区域。根据保卫区域的重要性和出入口设施的特点，可以设置防尾随、防返传、胁迫报警、陪访通行及访客管理等功能。在紧急情况下（包括核应急、火灾或入侵事件等），可根据应急预案与其他系统进行联动控制。

通过管理设备，可以对分布在现场不同区域的各种出入口执行机构进行远程操作，如打开旋转栅门、关闭电动滑门等。远程操作权限应经过严格审批。管理设备可以将所有出入口设置信息、出入事件、操作事件、报警事件等记录下来，经授权的操作员可将授权范围内的事件进行查询和打印输出。

8.6 出入口控制系统设计原则与要点

本节对出入口控制系统的设计原则进行简述，并选取保护区出入口、库房两个室外室内典型场景，分别对出入口设置、设备布置及标准要求等进行说明。

8.6.1 设计原则

（1）与实物保护等级和设计基准威胁相适应。

实物保护等级及设计基准威胁是出入口控制系统设计时必须考虑的两个重要因素。不同实物保护等级的核设施有不同的保护要求，应做不同的设计；实物保护等级相同的核设施，针对不同的设计基准威胁，系统的防卫能力应有所不同。核设施出入口设施、设备要能抵御设计基准威胁中描述的敌手的攻击。

（2）出入口数量尽可能少。

出入口很容易成为保卫区域的一个薄弱环节，因此，实物保护系统要求各区域的出入口数量尽可能少。同时要求进入各保卫区域，尤其是保护区、要害区和重要部位的人数应控制在必需的最低限度，并且人员应当安全可靠。

（3）纵深防御和均衡保护的原则。

出入口控制系统的设计防护能力从外至内依次加强，同一保卫区域各出入口与周界要具有同等的防护能力，不会轻易地被绕过，成为周界的薄弱点。

（4）根据设施运行情况满足通行需求。

出入口要根据设施实际运行需要进行设置，通过能力要满足正常工况、核事故应急状态和突发事件处置的要求。根据需要设置人员通道、车辆通道、物料和/或设备通道、应急通道，既满足出入通行需求，也便于应急、消防等人员和车辆的进出。允许并保证获准授权的人员、车辆、材料、物品进出被保卫区域，拒绝并阻止未授权的人员、车辆、材料、物品进出被保卫区域。

（5）考虑设施与环境因素。

设计时应充分考虑环境的因素，尤其是室外安装的设备器材，一般应考虑防水、防潮、防尘、抗冻、防晒及防破坏等防护措施。前端设备应尽可能设置于爆炸危险区域外；当前端设备必须安装在爆炸危险区域内时，应选用与爆炸危险介质相适应的防爆产品。

8.6.2 保护区出入口设计要点

保护区出入口设计要求人车分离，根据需要设置人员通道、车辆通道、物料和/设备通道、应急通道，根据人员和设备对环境的要求设置出入口建筑物。人员、车辆和物品进出保护区时要进行安全检查，有出入突发事件时要及时与控制中心联系并及时处理，因此，出入口一般要设置保卫值班室。

图 8-6-1 所示是一个简单的保护区出入口示例。

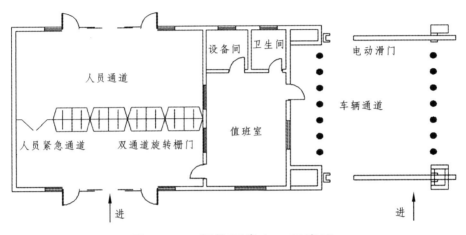

图 8-6-1　保护区出入口示意图

人员出入口控制应有防返传、防胁迫、防尾随功能。人员通道执行机构一般采用全高旋转栅门或等效的通道执行机构，采用人员识别卡加密码和/或生物识别设备，所有证件都应采取防伪造措施，防止有人使用未经批准的证件混入。

人员通道门数量的估算，可用下列公式：

$$M = \frac{(t_1 + t_2) \times N}{60 \times T} + m$$

式中　M——人员门数量（个）；

　　　m——人员门备用数量（个）；

　　　t_1——识别装置的平均确认时间（s）；

　　　t_2——人员门的平均通过时间（s）；

　　　T——最大工作班次全部人员通过该出入口的最大允许时间，一般为

　　　　　5 min；

　　　N——最大工作班人员数量（人）。

车辆通道通常采用双重门结构，使用电动滑门或等效的通道执行机构。进出设置识别卡等出入控制设备，两道门之间是车辆安全检查区，用于检查车辆是否载有违禁品和核材料。检查区内设置防冲撞装置，两道门不能同时开放，每次开门只容许一辆车出入。车辆通道通常为关闭状态，只有当车载物品安全检查合格，驾驶员通过出入授权检查后，方可暂时开启，允许车辆出入。保护区车辆出入口应配备视频监控设备、核材料探测器和违禁品探测设备，应配备与安全检查、探测和监视相适应的照明。

为保障出入口自身的安全以及与周界屏障的均衡性，出入口建筑物的墙、门、窗等应有一定的抗破坏能力。

8.6.3　库房出入口设计要点

核材料库房的出入口应设置防盗安全门、金库门或全高旋转栅门等高安全级别的门。进出应设置定义识别和/或生物识别设备，选择识别设备应考虑辐射环境因素，进出应实行双人双锁原则。

为保证系统自身的安全，出入口控制器应安装在受控区，出入口控制识读部分、执行部分与管理控制部分的连接线缆应受到保护，可以穿钢管或暗敷设在墙内，同时门禁控制器及供电电源的箱体应具有防拆保护。

图 8-6-2 所示是一个简单的库房出入口设计示例。

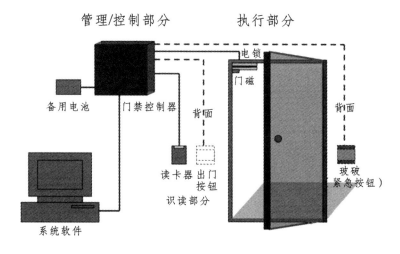

图 8-6-2　库房出入口设计示例

8.7 本章小结

本章介绍了用于识别和控制人员和车辆出入、探测违禁品的出入控制系统和设备。这些共同组成出入口控制系统,用于允许经批准的人员、车辆和材料经正常的出入路线进出保卫区域,同时又能探测并延迟未经批准的人员、车辆和材料出入,并能向警卫部队提供有利于响应的信息。

识别人员和车辆身份的方法包括定义识别、生物识别、PIN 码、车牌识别等。出入口通道执行机构包括适用于人员通道的旋转门、电控门等,以及适用于车辆通道的伸缩门、电动滑门等。设计中需要根据每种识别方式及执行机构的特点去选择适合的设备。

违禁品检查包括检查未经批准的武器、爆炸物、核材料和工具等。金属探测器应置于入口和出口处,爆炸物探测器则应置于入口处,核材料探测器应置于出口处。

PART NINE

第 9 章

通信和巡更系统设计

通信和巡更是实物保护系统的重要组成部分。一个有效的实物保护系统，必须使相关信息能够快速可靠地传递，在发生突发事件处置时，要尽快通知到反应力量。通信包括了保卫控制中心与反应力量、实物保护系统运行维护部门之间相互联络的规程和设备。巡更作为实物保护系统运行中的重要手段，可以使保卫控制中心掌握设备运行状况及周边环境的变化，及时发现设备缺陷和存在的安全隐患，巡逻的警卫可以发现入侵并快速联系，便于反应部队及时行动。

9.1 通信系统

9.1.1 通信系统概述

9.1.1.1 通信系统的功能

通信是为了满足保卫控制中心、保卫部门、警卫及重要出入口之间的通信联络，交换安全保卫信息并传达相关指令。通信系统的基本功能主要包括通知反应部队、系统运行日常使用。

1. 通知反应部队

在发生突发事件时，巡逻岗位、固定岗哨、出入口守卫等人员需要将现场的相关信息及时地通知保卫控制中心，同时保卫控制中心通知反应部队有关敌情的信息和部署指令。突发事件处置过程中，通信系统是确保实物保护系统快速、高效处置的关键性要素之一。通信包括语音系统及允许保卫控制中心与警卫、反应部队成员之间相互联络的其他系统。

2. 日常使用

通信系统作为实物保护系统的专用通信手段，能够保证核设施实物保护系统在任何情况下都能有效、可靠地通信。在实物保护系统正常运行、维护时，如执行出入口的检查和放行、入侵探测性能测试等任务时，通信系统为指令的上传下达提供可靠的保证。

通信系统的功能如图 9-1-1 所示。

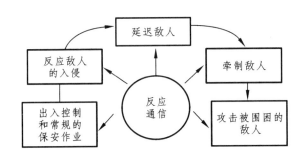

图 9-1-1　通信系统的功能示意图

9.1.1.2　通信系统的方式

实物保护系统中，通常情况下，需要配备有线通信、无线通信两种通信手段，以确保在任何情况下，都能保证可靠、及时、畅通的通信联络。

有线通信是指利用电线、光纤等有形媒质传送信息的通信技术，通过电或者是光信号的变化来代表不同的信息内容。有线通信技术一般采用程控交换技术和 IP 软交换技术。这两种技术的架构和技术特点各有不同，后文将详细分析基于这两种技术的通信系统。

无线通信是利用电磁波信号在空间中直接传播而进行信息交换的通信技术，进行通信的两端之间不需要有形的媒介连接。

两种通信方式各有优缺点，由于无线通信是通过无线电波来进行信息传递，所以在传输过程中信号可能会有缺失，也容易被截获和窃取，所以相较而言，有线通信的安全性能更高一些，保密性上也相对更有保障。但是有线通信依赖电缆等有形媒介进行信息传输，需要铺设专门的线缆通道，费用较高，无线通信系统布设简单，不受位置和环境的限制，使用更灵活。

在反应过程中，有线通信具有高可靠性。但是，当反应人员开展处置后，势必要离开其原驻地，在行进中只能使用无线通信。所以，最好的方式是有线和无线通信两者结合。

9.1.1.3 通信系统的基本概念

1. 通信与通讯

传统意义上的"通讯"主要指电话、电报、电传。"讯"指消息（Message），媒体讯息（如话音、文字、图片、视频图像等）通过通讯网络从一端传递到另外一端。其网络主要由电子设备系统和无线电系统构成，传输和处理的信号是模拟的。所以，"通讯"一词特指采用电报、电话等媒体传输系统实现上述媒体信息传输的过程。

"通信"是指数据通信，即通过计算机网络系统和数据通信系统实现数据的端到端传输。"信"指的是信息（Information），信息的载体是二进制的数据。数据则是可以用来表达传统媒体形式的信息，如声音、图像、动画等。

随着电子技术和计算机技术的发展，原有"通讯"系统很多都已实现了数字化、网络化、信息化，因此可以认为目前的数据通信系统已涵盖了过去的"通讯"系统的功能。因此《现代汉语词典》（第6版）对"通讯"和"通信"的定义进行了修改，通讯的一个定义是通信的旧称，所以本书中采用通信这个概念，在本书中两者表达的意义是一样的。通信的一个定义是利用电波、光波等信号传送文字、图像等，根据信号方式的不同，可分为模拟通信和数字通信。

2. 全双工通话与半双工通话

全双工通话是指通话双方可以同时讲话，例如在呼叫模式下，可以实现双向通话。半双工通话是指同一时间只能单向通话，例如在全呼或组呼模式下，调度台可以实现与被呼叫终端的半双工通话。

3. 强插与强拆

强插是指具有高优先级别的终端可以随时插入任何低优先级终端的通话，例如具有强插权限的终端A在呼叫某终端B，而终端B在与终端C通话，终端A执行强插，可直接插入该通话话路进行三方通话。强拆是指具有高优先级别的终端可以随时强行拆除任何低优先级终端的通话，例如具有强拆权限的终端 A 在呼叫某终端 B，而终端 B 在与终端 C 通话，终端 A 执行强拆，则可以挂断终端 C 后建立与终端 B 的通话。

4. 监听

具有监听权限的终端，可直接进入选中成员的通话中，在不影响双方通话的情况下对通话内容进行监听。

5. 全呼和组呼

全呼是调度台对系统内的全部终端同时进行呼叫，组呼是系统可以对任意终端进行分组，并且能够对任意一组或多组进行同时呼叫。

6. 鉴权

鉴权是指对通信参与方的身份合法性进行验证的过程，鉴权是能够确保接入通信系统的设备都是拥有合法授权的，未经授权的设备不被允许接入。

9.1.2 基于程控交换技术的有线通信系统

9.1.2.1 系统特点

程控交换技术是利用电子计算机技术，用预先编好的程序来控制电话的接续工作。1965 年，美国贝尔实验室开发了世界上第一部程控电话交换机，早期的程控交换机是空分，也就是用户在打电话时要占用一个空间位置（一对线路），直到打完电话为止。1970 年，法国开通了世界上第一部程控数字交换机，采用时分复用技术和大规模集成电路。随后，程控数字电话交换机开始普及，程控数字交换与数字传输相结合，可以构成综合业务数字网，不仅实现电话交换，还能实现传真、数据、图像等信息的交换。程控数字交换机处理速度快、体积小、容量大、灵活性强、服务功能强大，因此，它已经成为当代电话交换的主要制式。

程控数字电话交换系统是一种无阻塞交换结构，系统中各终端设备可以实现不同的主叫、被叫及同时对话。系统可以提供高质量的声音，一般采用模块化设计，方便扩容和组网。另外，呼叫的建立时间在 70 ~ 150 ms，实现信息快速传达。系统还可以选择通过广播接口、公网中继接口、录音接口、告警信息联动接口、监控系统接口等，与其他系统接驳，扩大系统的功能。

9.1.2.2 系统功能

有线通信系统用于保障在紧急情况下反应通知、命令下达等相关信息能够快速可靠地传递，通常具有全呼、组呼、对讲、强插强拆、优先权呼叫等多种可选的灵活通话功能，具有故障检测能力，对于系统的关键部件或装置能够进行自动诊断监测，及时发现故障、报警和记录。

1. 可靠、快速地传达指令

通信系统要求通话建立速度要快，通话要清晰准确。因此有线通信终端一般都有直通键，方便操作。如果采用传统的电话作为实物保护通信手段，则在每次呼叫中都要进行摘机、拨号、振铃和应答四个过程，这些过程所占用的时间往往比实际通话时间还长，而且如果被叫方没有在电话旁边，还必须走到电话跟前才可应答通话。语音的清晰度取决于系统的频率响应，即频带宽度，频带越宽，则语音越清晰。

2. 呼叫与应答

实物保护通信系统要求具有灵活的通信方式，可以实现单呼、组呼、群呼、紧急呼叫、优先呼叫等特殊服务。通过数字键拨号可以呼叫到任意目标终端，也可以单键呼叫指定目标终端。可以实现任意成员的任意分组，设置多个终端为一个接听组，实现对多人的同时呼叫。系统可以设置优先级权限，具有强插、强拆等通话功能。支持免提通话，通话过程中为全双工并且有回声抵消功能。

3. 并行服务

调度台有并行服务功能，当现场要呼叫调度员时，为了防止某保卫人员有特殊情况临时离开从而未接收到重要呼叫，可将几个调度台设为并行操作，发起呼叫时，几个调度台同时振铃，任何一个调度台接听，即取消其他调度台上的呼叫。该功能提高了系统的可靠性。

4. 系统管理

能方便地对系统进行管理，对终端进行注册，每台终端具有唯一注册名称，以通讯录的方式进行保存，方便呼叫时快速查找。系统可对所有的对讲终端通话进行录音，能够对单路、多路通话同时录音，录制的音频文件存放在指定设备。

9.1.2.3 系统构成和设备

基于程控交换技术的通信系统一般由程控交换机、调度台、录音系统、通信终端等组成。基于程控交换技术的通信系统构成如图 9-1-2 所示。

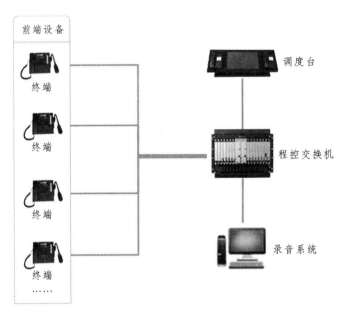

图 9-1-2 基于程控交换技术的通信系统构成示意图

1. 程控交换机

程控交换机用于实现用户间通话的接续，由硬件和软件两大部分组成，硬件可以分为话路设备和控制设备。话路设备主要包括各种接口电路（用户线、中继线等）和交换网络。控制设备包括中央处理器（CPU）、存储器、输入输出设备等。程控交换机一般部署在机房，是整个通信系统业务的指挥与控制中心，根据用户本身的机构设置，拥有最高的管理和调度权限，实现统一调度。

程控交换机的主要指标包括话务量、呼叫处理能力、能够接入的用户数、中继线以及过负荷控制能力等。呼叫处理能力与频带有关，当出现在交换设备上的呼叫数超过其负荷能力时，需要自动逐级限制低级别终端的呼出，以保证高级终端的通信能力。

2. 录音系统

录音系统是基于语音的存储平台，可实现语音文件的存储、查询、下载和播放功能。为保证录音存储的容量、安全性和可靠性，一般录音系统部署在保卫控制中心，并且将语音系统产生的录音单独存储，防止非法删除录音资料。

3. 调度台

调度台为用户提供统一的登录、操作以及管理界面，一般部署在控制中心。

调度台具有丰富的监控和管理功能，方便查看终端的在线状态、通讯状态、群组状态，具有转接、监听、强插、强拆、组呼等最高功能权限。

4. 通信终端

通信终端支持全双工对讲，既可以一键呼叫控制中心，也可以采用数字按键拨号，使用方便灵活。通信终端可以发起寻呼、对讲，具有呼叫转移、无响应转移等功能。根据终端的安装方式，可分为桌面终端和壁挂终端。桌面终端一般包括可编程的直通键、拨号键、通话手柄、显示屏等。壁挂终端一般安装于工业环境，因此需要满足高温、高噪声、电磁干扰、防尘、防潮等恶劣环境需求。壁挂终端一般包括可编程的直通键、拨号键、扬声器等，一些壁挂终端包含通话手柄。

9.1.3 基于软交换技术的有线通信系统

9.1.3.1 系统特点

软交换是基于软件提供呼叫控制和连接控制功能的实体，软交换技术是在网络电话的基础上逐步发展起来的一个新概念。随着下一代网络（Next Generation Network，NGN）的提出，基于分组技术的数据网与电路交换网逐渐融合，使得软交换技术加速发展，不少厂商都已开发出了自己的软交换产品。在传统公共交换电话网络（public switched telephone network，PSTN）/综合业务数据网（Integrated Service Digital Net，ISDN）网络中，向用户提供的每一项业务都与交换机直接有关，业务和控制都由交换机来完成。软交换技术可以支持众多的协议，以便对各种各样的接入设备进行控制；能够按照一定的策略对网络特性进行实时、智能和集中式的调整和干预，以保证整个系统的稳定性和可靠性。

基于软交换技术的通信系统采用星形结构，具有开放性、扩容方便等优点。音频信号以数据包形式在网络上传输，只要网络可达的区域均可以实现通信。这种通信方式高度依赖于网络的及时性和可靠性，在网络通畅的情况下，可以实现快速的呼叫建立，快速传达信息。

9.1.3.2 系统功能

基于软交换技术的通信系统功能与程控通信系统基本相同，能够提供足够的通话通道，实现无阻塞通信，保证通话的完全可靠性；具有呼叫转移、强插强拆、呼叫排队、优先权呼叫等功能，并且设置方便简单；具有故障监测能力，对于系统的关键部件或装置能够进行自动诊断监测，及时发现故障、报警和登记。

通信系统的两个重要指标是通信概率和通信时间。通信概率是准确通知对方的概率，通信时间是通知反应部队或通信对方所需要的时间。通信概率越大，通信时间越短，通信系统的有效性越高。

9.1.3.3 系统构成和设备

基于软交换技术的通信系统架构和设备组成与程控通信系统基本相同，但其交换主机为服务器，终端一般采用具有网络接口的通信终端。

软交换服务器和通信管理软件是系统的核心，用于完成呼叫处理控制功能、接入协议适配功能、业务接口提供功能、互联互通功能、应用支持系统功能等。通过通信管理软件，能实现对通信系统内所有设备的统一命名、号码注册与分配、对讲、联动视频监控、录音存储、权限等，可以在控制中心对现场通信终端进行对讲、呼叫等操作。

调度台和通信终端一般具有标准 RJ45 接口，有以太网口的地方即可接入，支持跨网段和跨路由。

9.1.4 集群通信系统

9.1.4.1 集群通信技术

集群通信系统是为了满足行业用户指挥调试需求开发，面向特定行业应用的专用无线通信系统。其特点是为大量无线用户共享少量无线信道，具备快速的语音建立和抢占能力。集群通信系统在政务、医疗、能源、交通、应急通信等领域有着广泛的应用。

集群通信系统经历了与公众移动通信系统类似的发展过程。早年，集群系统是模拟集群通信对讲，主要支持语音通信。后来，数字集群对讲兴起后，集群系统是窄带数字集群集通信系统，支持语音、低速数据通信和更好的安全性，数字集群是集指挥调度、电话互联、数据传输和短消息通信等特性于一体的集群通信技术。随着集群宽带化的快速发展，目前，宽带集群（broadband trunking communication，B-TrunC）技术在各行各业的应用规模也在逐渐扩大，宽带集群支持移动点监控、集群对讲、视频调度、定位信息、应用承载和信息回传等。宽窄带融合支持音视频指挥调度、图像传输、大数据等综合应用，能够提供指挥调度的快速反应和科学决策能力。以下对集群通信的几种主要技术进行简单介绍。

1. TETRA

泛欧集群无线电（Trans European Trunked Radio，TETRA）数字集群通信是欧洲通信标准协会为了满足欧洲各国的专业部门对移动通信的需要而设计、制订的。TETRA 数字集群通信系统可在同一技术平台上提供指挥调度、数据传输和电话服务，它不仅提供多群组的调度功能，而且还可以提供短数据信息服务、分组数据服务以及数字化的全双工移动电话服务。TETRA 数字集群系统具有丰富的服务功能、更高的频率利用率、高通信质量、灵活的组网方式，在欧洲乃至世界得到了快速的发展。在数字集群对讲兴起后，我国主要采用 TETRA 数字集群通信系统建设了一些专门用于公共安全领域集群对讲通信，但是 TETRA 是国外标准，并且主要设备厂商也都是国外厂家。

2. PDT 技术

警用数字集群（public digital trunking，PDT）标准是由公安部牵头制定、具有中国自主知识产权的集群通信标准，PDT 数字集群技术采用 时分多址（time division multiple access，TDMA）方式、12.5 kHz 信道间隔、4FSK 调制方式、数据传输速率为 9.6 Kb/s。PDT 通信系统具备灵活组网、高效率指挥调度、高质量语音及数据传输等功能，并具有迅速响应、安全保密的特点。其业务功能丰富，可扩展，同时系统和终端成本较低，网络建设速度较快，总体运维成本较低。PDT 标准以公安警用需求为基础，逐步扩展到其他行业，力争成为全球主流的数字集群标准之一。

3. DMR

数字无线通信（Digital Mobile Radio，DMR）是欧洲通信标准协会为了满足欧洲各国的中低端专业及商业用户对移动通信的需要而设计、制订的开放性标准。DMR标准工作频率为30 MHz到1000 MHz，采用TDMA方式，信道间隔为12.5 kHz，采用4FSK调制解调，数据传输速率为9.6 Kb/s。DMR具有高效利用频谱资源、大区制组网方式、兼容模拟常规的优点，其业务功能丰富，可扩展，向后兼容，同时系统和终端成本较低，网络建设速度较快，总体运维成本较低。

4. LTE

基于LTE（long term evoltion）技术的宽带集群（broadband trunking communication，B-TrunC）系统，是由我国自主研发的具有自主知识产权的一种数字集群体制，具有高速率、高频谱效率、低时延和大连接等优点，同时还具备应急指挥调度功能、高可靠性和安全性，从而成为宽带无线专网发展的方向。B-TrunC标准支持终端、基站、核心网和应用平台之间接口的全面开放，满足公安、政务、轨道交通和电力等行业宽带集群调度的特色业务需求，提供增强的安全机制，并实现与窄带集群系统和公众蜂窝网络的互联互通。

几种主流无线通信技术对比见表9-1-1。

表 9-1-1　几种主流无线通信技术对比及推荐

对比项目	PDT	TETRA	DMR	LTE
技术标准	中国	欧洲	欧洲	全球
安全性	国产自主可控，系统内加密+专用加密卡	系统内加密	系统内加密	系统内加密
承载业务	语音	语音	语音	语音、视频、数据
建设成本	中等	较高	低	高
覆盖范围	大	中等	大	小
信道带宽	12.5 kHz	25 kHz	12.5 kHz	5 MHz/10 MHz/20 MHz
主流频率	350 MHz	800 MHz	400 MHz	1.4 GHz/1.8 GHz
集群调度	支持	支持	支持	支持

9.1.4.2　PDT数字集群通信系统

PDT数字集群系统采用PDT集群通信标准，具备灵活组网、高效率指挥调度、高质量语音及数据传输等功能，并具有迅速响应、安全保密的特点。系统包含一个独立的专用通信调度网，采用以太网拓扑结构，扩容方便，能够满足各个部门使用的功能要求。系统能够提供足够的通话通道，实现无阻塞通信，保证通话的完全可靠性；具有呼叫转移、强插强拆、呼叫排队、优先权呼叫等功能，并且设置方便简单；具有故障监测能力，对于系统的关键部件或装置能够进行自动诊断监测，及时发现故障、报警和登记。

1. 系统功能

PDT数字集群系统的基本功能包括语音业务、数据业务、系统管理和安全等。

（1）语音业务功能

系统通常具有单呼、组呼、全呼、对讲、紧急呼叫、强插、呼叫转移、监听等语音业务功能。可根据工作需要任意划分工作组，能够针对单个终端或一组终端设置呼叫优先级，接听终端显示讲话方的移动终端号码或别名。

（2）数据业务功能。

系统具有短数据传输、紧急告警、定位等数据业务功能。

（3）系统管理功能。

系统对终端具有管理功能，能够对终端的登记接入、在网状态、位置信息、安全以及业务连续性进行管理，使终端与网络的联系状态达到最佳，进而为各种网络服务的应用提供保证。

（4）安全和记录功能。

为保证调度台与各终端之间无线通信信息传输的安全性，系统需要支持鉴权、空口加密、端到端加密等语音加密、数据加密技术。在语音通信、信息处理时，可自动、同步进行数字录音，便于事后的记录、检索与管理。

2. 系统构成和设备

PDT数字集群系统一般由核心网、基站、天线、终端等组成。

（1）核心网。

核心网是系统的信息汇聚交换中心，是整套系统的大脑，包括服务器、媒体转换单元、交换机、路由器、网关、录音系统等。服务器用于业务和数据处理，媒体转换单元用于将 PDT 终端语音转化为有线端采用的数据格式（G.711A），交换机用于连接基站、网关、服务器等，路由器用于实现移动交换中心设备、远端设备以及各远程基站间 IP 数据包路由并提供相应的物理接口。

系统应具有先进的技术功能、高话务量处理能力、高忙时呼叫处理能力，全系统通话、呼叫无阻塞。

（2）基站。

基站是为满足厂区基础语音覆盖，可根据话务量的大小灵活配置。通常包括基站控制器、信道机等，控制器是基站的核心部分，用于实现部分移动性管理、呼叫的接续控制、无线资源管理、基站内设备的操作维护，以及基站与交换中心的接口等功能。信道机主要实现对 PDT 空中接口物理层和数据链路层的协议处理和转换功能，如基带信号处理、射频发射和射频分集接收等。基站根据安装方式有机柜式、抱杆式、壁挂式、车载式、自组网基站等。

（3）终端。

数字集群对讲终端的工作频率通常支持 350 MHz、370 MHz 和 400 MHz，支持全双工通话模式。

通信终端应能适合不同的工作环境，质量可靠、通信快捷、音质好、接口种类多、功能齐全、便于维护，充分保证实物保护运行一线相互联络和指挥调度的需要。系统要具有宽通话频带，应不小于范围 100～7000 Hz，保证调度通话语音清晰、音量大、不掉字、无啸叫、准确无误，根据使用场合需要具有大音量和高灵敏度的扩音广播及呼叫功能。具有方便的无操作应答功能，解放工作人员的双手，通话终端按键可编程，并且编程灵活方便，终端机具有一触即通、无操作应答、免挂机等特点。即使终端在振铃状态，调度站也可以突破硬件直接建立呼叫。

9.1.5 融合通信系统

9.1.5.1 系统特点

目前各种通信手段层出不穷，这些通信手段主要包括音频、视频、数据通信，涉及多个通信系统，如行政电话系统、内部通信系统、数字集群系统、无人机系统、视频监控系统、视频会议系统等。各种通信方式往往自成一体，只考虑本身功能需求，无法与其他系统进行互联互通。随着信息技术与通信技术的发展，以及核安保和核应急业务的日益发展，今后将更加侧重于利用融合通信技术，整合不同的通信系统、通信手段和接入方式等，以满足突发事件情况下的通信和指挥调度需求。

融合通信是基于软交换通信技术，将有线通信、无线通信、短信、传真、视频会议、视频监控、卫星通信等多种通信技术融合于一体的通信方式。从业务上讲，融合通信就是将两种以上不同的通信方式融合到一个通信平台，实现不同通信方式之间文本、语音、视频的互联互通。融合通信系统能够提供统一的融合通信平台，整个通信平台屏蔽各种不同的通信制式，将不同厂家设备、不同协议的音频信号、视频信号、即时消息进行统一的处理，使操作员不用关心具体的通信方式，真正实现不同通信手段之间、各级指挥人员之间的无缝通信，提高应急处置过程中的反应速度和效率。

融合通信系统采用统一部署和分级部署结合的方式，实现终端的就近接入，分散网络压力，实现分级管控，每级可管控本级前端和终端，同时对下级具备管控权限，从而实现由上至下分级管控。同时，融合通信具有很好的业务开放性，可以与现有通信系统对接，通过统一的接口标准接入各种语音、视频、数据通信系统，在系统实现方面非常方便。

9.1.5.2 系统功能

融合通信系统的基本功能有语音融合、视频融合、统一定位、统一管理。

1. 语音融合

融合通信系统通过融合不同的通信手段，解决各通信系统之间不互通问题，提高日常事务处理效率，进一步加强日常业务通信和应急指挥调度能力。支持基本的语音通话业务，如号码变换、限呼、自动路由、三方通话等功能。具有语音调度功能，如监听、强插、强拆、会议、轮呼等功能。具有调度管理操作、群组管理操作、监控功能、呼叫及通话、管理功能等。

2. 视频融合

融合通信系统可以实现与多种视频通信系统的对接，经过对接入的视频信号统一处理，突破视频终端制式、厂家的限制，实现各视频系统之间的视频信号相互共享，实现视频会议、视频监控和指挥调度的有机融合。

3. 统一定位

融合通信系统通过统一定位服务，整合各类终端和各类子系统的位置信息，提供统一格式的位置协议，为其他定位需求提供数据服务和接口。

4. 统一管理

融合通信系统实现集中化的通信、数据、存储、人员等信息管理，具备权限控制、通信录管理功能，具有较强的系统管理能力。融合通信系统可以在统一的界面中实现跨系统的语音、图像、数据指挥调度，提高指挥的效率和能力，提供专业、丰富的多媒体的指挥调度业务功能，满足厂区安保、驻场武警、消防等各单位、各岗位关不同时段、不同环境下的调度需求。录音录像存储服务可对数据、语音、视频进行定期存储，方便用户回溯历史。

9.1.5.3 系统构成和设备

融合通信系统采用分布式架构，主要包括应用层、服务层、接入层。

1. 应用层

应用层主要为系统功能的发起和展示，是系统的人机操作界面，包括直接使用的各类调度软件和终端，如调度台、调度客户端、业务应用系统等。

2. 服务层

服务层包括系统的核心服务，为融合通信系统提供语音融合、视频融合、短消息融合、位置融合、通信装备管理等功能。该层提供给客户端用户和业务应用系统用户统一的通信服务接口，为二次开发提供便利。根据融合业务需求，一般可包括调度业务服务器、媒体服务器、短消息服务器、位置服务器等。

3. 接入层

接入层主要实现融合通信系统与其他通信系统的互通功能。根据融合业务需求，部署不同类型的网关，实现融合通信系统对不同通信系统的接入。主要的接入网关包括语音接入网关、无线集群接入网关、视频信号接入网关等。

9.1.6 通信系统的设计原则与要点

9.1.6.1 通信设计原则

1. 快捷性

为满足快速反应的需求，在实物保护系统中，要求每个执勤警卫、守护人员、实物保护主管领导和部门要能与保卫控制中心随时保持联络，同时保卫控制中心还可以与地方公安机关、消防部门、上级主管部门随时保持联络，所以要求通信系统设计时必须覆盖所有需要通知的点位。

2. 可靠性

通信过程中可能会包含重要的实物保护信息，如与敌情有关的信息、反应命令部署的指令、实物保护出入口控制信息等，因此为了防止未授权人员从通信中得到这些信息，需要采取一定的安全措施，确保通信系统的可靠性。为防止未授权人员从通信中得到信息，确保通信的可靠性和安全性，一些重要核设施的通信设备需要考虑防窃听、防干扰、防欺骗、防信号阻塞或中断。

3. 安全性

通信系统必须保证通信概率，在必要时候，需要对通话进行强拆、强插以及代接，调度台应具有最高权限，可以随时强行拆除任何低级别的终端的通话，可以随时插入任何低级别的终端的通话；当通信终端呼叫调度台时，如果此时调度台处于通话中，调度台应能通过简单的操作把该通信终端加入目前的通话中。

9.1.6.2 通信设计要点

1. 两种通信手段互补

为保证通信可靠性，实物保护系统应同时配备有线和无线通信设备，同时应具备备用的通信方式，如电话、对讲机、内部广播系统等。通信设备应具备双向通话、防窃听、抗干扰、防信号阻塞或中断、防止传输欺骗消息的功能。

2. 有线通信配置

保卫控制中心、保卫部门的值班室、驻厂武警部队值班室、消防值班室、重要的出入口和岗哨等部位应配备畅通、有效的有线通信设备。

根据实物保护通信系统的功能要求，通信终端一般部署在警卫及值班室、消防控制室、出入口控制点等。桌面终端和壁挂终端的安装均要考虑人员操作的便捷性，扬声器功率根据人员的作业范围合理选择。

3. 无线通信配置

无线通信要求至少要设置 2 个通信频道，通过更换电池或给电池充电，无线通信设备应能持续运行 8 h。无线通信范围要覆盖所有需要通信点位，比如巡更人员在巡逻时的路线等。

在保卫控制中心、保卫部门、警卫、岗哨及各重要出入口等处配备灵活方便的无线通信终端设备。

9.2 巡更系统

9.2.1 巡更系统概述

9.2.1.1 巡更的功能

巡更可以及时发现实物保护系统各部分在运行中出现的问题，发现各类火灾、恶意破坏等潜在隐患并及时处理。同时，通过定时或不定时的巡更，可以对不法分子起到威慑作用，有效预防和减少非法活动。电子巡更系统是利用射频识别技术、计算机通信技术等开发的巡更系统，能够对巡更人员、巡更路线、巡更过程等进行有效管理和控制。本书所有的"巡更"均指"电子巡更"。

巡逻人员按事先编制或随机调整的程序，通过信息识读器或其他方式，将巡更点的信息、巡更人员、时间等上传到保卫控制中心或保卫值班室。巡更系统应能根据实际需要合理规划和调整巡更路线，巡更路线应能随机调整，防止被不法分子发现规律而有机可乘。巡更系统可以保证巡逻人员能够按照巡更程序中规定的路线和时间到达指定的巡更点进行巡逻，同时巡更系统也可以看作一种人员定位系统，保证巡逻人员的安全。例如，保卫控制中心值班人员发现巡逻人员未在指定时间范围内到达预定的一个巡更点，则可以通知就近保卫人员现场查看。

9.2.1.2 巡更的基本概念

1. 巡逻与巡更

巡逻是警卫执行的定期或不定期检查实物保护各组成部分的职责。根据需要，在保卫区域内外应组织定时和不定时的巡逻，尤其要加强夜间巡逻，建立巡逻检查工作日志或值班记录。巡更通过在巡逻路线上安装巡更点，警卫在巡逻的过程中使用巡更设备，将巡逻人员在巡更工作中的时间、地点、人员等情况自动记录下来，通过实时或事后与设定的巡逻计划进行比对，来真实反映巡逻工作的实际完成情况。巡逻侧重的是人的行为，巡更侧重的是系统工作。

2. 离线巡更和在线巡更

离线巡更和在线巡更是巡更的两种方式。离线巡更是在巡逻过程中，警卫人员在各巡更点的巡逻信息均记录在人员携带的巡更设备中，待结束巡逻后，通过数据传输器将巡更设备中的巡更信息上传至保卫控制中心的数据库。离线巡更无法对巡更过程进行实时监测，只能用于事后核查和监管，但其系统简单、无须布线、坚固耐用、可靠性高。目前核电厂实物保护巡更系统主要采用离线巡更系统。

在线巡更可以将巡更信息即时发送至保卫控制中心，可以及时发现巡查中的问题，例如巡更人员未按照巡更路线进行巡更，或者巡更人员原定的巡逻计划被更改，未在规定时间到达规定位置，这可能代表出现了异常情况，需要控制中心立即与巡更人员建立通信，如果仍然无法联系的话，则需要立即启动突发事件处置预案。

在线和离线巡更模式都具有巡更时间、地点、顺序等数据的记录、查询、打印等功能。在线巡更具有实时记录和实时报警功能，可以发现巡逻过程中的异常情况并及时采取处置措施；离线巡更仅具有记录功能。

9.2.2 离线巡更系统

离线巡更系统通常由信息钮、巡检器、通讯座及管理设备等组成，如图9-2-1所示。

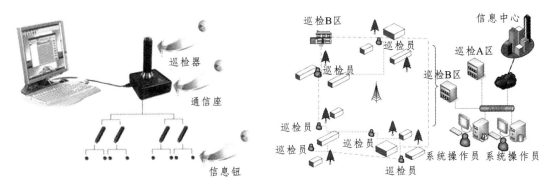

图 9-2-1　离线巡更系统组成

信息钮是采用射频识别技术制成的无源只读标签，内有唯一的、按一定安全机制通过射频信号设置的电子编码，巡检器可以读取信息钮中的电子编码。信息钮主要安装在巡更点，用于标识地点位置。室外安装的地址钮需要防水防尘、坚固耐用，满足室外环境要求。

巡检器用于读取信息钮中的信息，由巡更人员随身携带，含有芯片和电池，可以存储巡更过程中的数据信息。具有通信接口，在巡更结束后可以通过该接口将数据上传至管理计算机。

通讯座（有的系统中就是一根据数据通信线）用于将巡检器中的信息上传到管理计算机，并将计算机的控制命令和配置信息下发至巡检器。

管理设备包括管理计算机、巡更管理软件，用于巡更设备的管理、巡更路线的规划、巡更数据的存储分析和统计导出等。

9.2.3　在线巡更系统

在线巡更系统也称为实时巡更系统，是在巡更点与管理终端之间建立可实时传输信息的通信线路，可以利用视频分析、出入口控制等技术建立各种类型的在线巡更系统。在实际工程中，可以在出入口控制系统的基础上，在巡更点增设出入口控制系统的识读装置（读卡器、人脸识别等），通过线缆接入出入口控制系统。

巡更人员巡逻到巡更点后，用随身携带的感应卡刷卡或人脸识别认证，识读装置将人员、位置、时间信息等上传至管理终端。管理终端的巡更管理软件与出入口控制系统软件进行接口开发，能实时接收和显示相关巡更信息等。利用这种方式，在线巡更系统可以充分利用已有的出入口控制系统的识读装置、控制器等软硬件设备，只需根据巡更需要增设少量设备。

在线巡更系统可以任意设置巡更点、设置班次和巡更路线，具有强大的报表功能，可以根据时间、个人、部门、班次等信息来生成各类报表，能够对未正常巡更进行实时提示和报警。

9.2.4　巡更系统设计要点

在设计巡更系统时，应与设施运行人员进行充分沟通，了解巡逻区域的特点、要求及周边环境，在此基础上合理确定巡更点、巡更方式等。

沿控制区、保护区周界实体屏障内侧设置机动车道，供保卫人员巡逻使用。在规划巡更人员的巡更路线时要慎重，尽量设置在监控系统覆盖的区域，避免巡更人员单独进入监控系统的视野盲区，既确保巡更人员的安全，也便于远程查看。巡更人员应配备方便、有效的无线通信设备，在发生突发事件时，可以及时通信或报警。

应编制完善的巡更计划，确定合适的巡更路线，要求巡更点要覆盖所有关键节点，不存在任何盲区，组织保卫人员或警卫进行巡更，保存好巡更日志方便后续查阅，并检测巡更执行情况。

9.3　本章小结

通信和巡更在实物保护系统的日常运行维护和突发事件处置中均发挥着非常重要的作用。本章对通信系统的功能、方式、设计原则和要求进行了简要描述，着重对基于程控交换技术的有线通信系统、基于软交换技术的有线通信系统、PDT 数字集群系统、融合通信系统进行了介绍。对巡更的功能、离线巡更和在线巡更系统的组成进行了介绍。设计人员应根据需求分析，结合设施实际进行具体设计。

PART TEN

第 10 章

辅助系统设计

辅助系统不直接实现实物保护系统的探测、延迟、反应功能，但对于保障系统的正常运行具有重要的作用，如实物保护照明、供电、防雷与接地等。照明能在自然光照度不足的情况下，为视频监控系统正常工作和人员巡逻检查提供所需的照度；供电是为实物保护系统所有电气设备提供安全、可靠的电力供应；防雷与接地能够防止雷电对人身安全和电气设备造成的损伤和破坏。

10.1 照明系统

10.1.1 照明的作用

照明为视频监控系统中的摄像机正常工作提供必要的照度，为巡逻、警卫人员提供正常工作所需的照度，如出入口检查、周界巡逻、保卫控制中心值勤等。

照明最重要的两个参数是照度和照度均匀度。照度是反映场景亮度的指标，照度均匀度是指规定表面上的最小照度与平均照度之比，有的也用亮暗比（最大亮度/最小亮度）来表示，亮暗比过大将对视频监控产生不可接受的图像效果。

10.1.2 照明系统设计要点

1. 周界及出入口的照明

周界和出入口的照明要满足相应法规标准中的照度要求，满足视频监控、出入口检查、人员巡逻和值勤的要求。《核设施实物保护》（HAD 501/02—2018）

中，要求控制区周界夜间地面照度不低于 10 lx；在视频监控范围内，保护区和要害区的夜间地面照度不应低于 20 lx；主出入口工作面照度不低于 150 lx。照明亮暗比不大于 4∶1，照明的阴影部位（亮度最小的部位）不能为入侵者提供藏匿条件。

周界照明灯柱应安装在周界屏障的内侧，灯光朝向周界外侧，灯具应安装在比摄像机高的地方，这样可以避免这些亮光源出现在摄像机的视场上。照明灯的开闭应由光敏传感器自动控制，并可在保卫控制中心直接控制。

2. 保卫控制中心和岗哨照明

保卫控制中心室内照明灯的布置不能影响到人员对显示屏和报警灯的观察，不应在显示屏上产生反光、眩光。

固定岗哨的照明应由里向外照射，应尽量避免出现影响警卫工作的照明眩光。对于由于保密等要求，明确不便于进行照明的位置，或者较远的保卫岗哨或巡逻，无法提供充足的照明时，可采用夜视装置、红外装置或者低照度相机。

10.2 供电系统

10.2.1 供电系统的功能和构成

实物保护系统电子设备种类繁多，系统的正常运行离不开电源的供应。实物保护供电系统由主电源、备用电源、配电箱/柜、供电线缆、电源变换器、监测控制装置等组成，如图 10-2-1 所示。

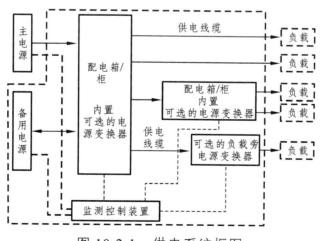

图 10-2-1　供电系统框图

主电源是指在正常情况下支持实物保护系统和设备全部功能的主要电能来源。主电源通常来自电力系统的电力网（市电、市网），也可来自企业或用户的自备发电设备（如柴油发电机组）。当主电源出现性能下降或故障、断电时，由备用电源来维持系统和设备必要工作所需的电源。常见的备用电源有不间断电源（uninterruptible power supply，UPS）、蓄电池、柴油发电机组等。

配电箱/柜是按配电要求将来自主/备电源的电能进行转换，分配给下级负载，同时具有电能控制、保护等功能。配电箱/柜通常由开关设备、电源变换器、保护电器和箱/柜体等组成。供电线缆将电能从配电箱/柜输送至各个负载，应按照配电要求和不同条件选择不同的线缆型号及线径。

电源变换器用于将供电电压转换为负载所需等级的电压。

监测控制装置可以时刻监测供（配）电系统中设备、电路的状态。

10.2.2 供电模式

供电模式分为集中供电、本地供电两种。集中供电模式的供电系统只有一处主电源，主电源通常设置在保卫控制中心，通过配电箱和供电线缆向系统所有的设备供电。集中供电模式在管理方面具有安全可控等许多优点，但缺点也很明显，比如，当设备距离过远时配电困难，系统启动时要分步分次序启动，以免产生大电流冲击。本地供电也称分布供电，即设有多处供电电源，设备从就近的电源取电。

10.2.3 供电系统设计要点

1. 电源要求

实物保护系统的各子系统，包括入侵报警系统、出入口控制系统、视频监控系统、通信系统及照明系统均应保证有可靠的供电，一般采用主电源和备用电源，在主电源失效时，应向实物保护系统特定设备发出报警信息，可采用自动和手动方式切换到备用电源，且不影响系统的正常运行。备用电源的容量应能保证实物保护系统正常工作一定时间，后备时间满足相关法规标准要求。

2. 供电线路和电源监测

供电系统的配电箱、供电线缆应该加以保护。

为实时监测主备电源的工作状态以及各配电回路断路器的状态，及早发现故障点并解决问题，提高实物保护系统供电的可靠性，可设置电源监控系统。电源监控系统主要由电源信号采集器、传输设备、控制管理设备等组成。电源信号采集器设在现场，将实物保护系统设备供电有关的主备电源信号、柴油发电机组综合故障信号、配电箱开关状态信号和故障信号（无源开关量节点）就近接入开关量采集器。控制管理设备通常设置在保卫控制中心，包括管理工作站和管理软件等，实现对现场设备电源集中的状态监视与管理，能够实时采集、显示与系统及设备供电有关的电源状态信号，检出事故、故障、状态信号参数变化，实时地更新数据库，为系统提供运行状态的数据。

10.3 防雷与接地

10.3.1 防雷接地概述

实物保护系统采用了大量的电子信息设备，雷电防护和良好的接地是保障系统安全性的一项重要措施。雷电对实物保护系统的入侵方式主要有：室外设备遭遇雷击时，雷电电流沿设备外壳传输到线缆，进而入侵传输线路；雷电的电磁脉冲在系统线路上感应出过电压，从而损坏与线路相连的设备；雷电击中某一条电缆时，会在相邻的电缆感应出过电压，击坏线路上的设备。

实物保护系统的大多数设备安装在室外，这些设备暴露在自然环境下，容易遭受雷电的危害。由于实物保护系统设备电压和电流都很小，对外界干扰敏感，恶劣天气下的直击雷、感应雷以及浪涌产生的过电压、过电流等都会对实物保护系统造成巨大的破坏。对于安装在室内的实物保护系统设备，常常是以建筑物或构筑物为载体的，因此做好建（构）筑物本身的雷电防护是实物保护系统雷电防护的基础和前提。由于实物保护系统在本质上是一套电子信息系统，尤其是保卫控制中心，内部有大量的电子信息设备，因而除了建（构）筑物的雷电防护之外，需要重点关注信息系统的雷电防护问题。

10.3.2 防雷接地基本概念

1. 防雷区

防雷区按雷击电磁环境进行区分，一个防雷区的区界面不一定要有实物界面，如不一定要有墙壁、地板或天花板作为区界面。不同防雷区的特点如表 10-3-1 所示。

表 10-3-1　防雷区的特点

防雷区	特　点	保护措施
直击雷非防护区（LPZOA）	电磁场没有衰减，各类物体都可能遭到直接雷击，属完全暴露的不设防区	完全无保护
直击雷防护区（LPZOB）	电磁场没有衰减，各类物体很少遭受直接雷击，属充分暴露的直击雷防护区	有避雷针等保护，但无屏蔽
第一防护区（LPZ1）	由于建筑物的屏蔽措施，流经各类导体的雷电流比直击雷防护区（LPZOB）区进一步减小，电磁场得到了初步的衰减，各类物体不可能遭受直接雷击	建筑物内或钢保护壳内
第 N 防护区（LPZN）	需要进一步减小雷电电磁脉冲，以保护敏感度水平高的设备的后续防护区	每多一层防护，防区数+1

2. 防雷装置

防雷装置用于减少雷击于建（构）筑物上或建（构）筑物附近造成的物质性损害和人身伤亡，由外部防雷装置和内部防雷装置组成。

外部防雷装置包括接闪器、引下线、接地装置等。接闪器由拦截闪击的接闪杆、接闪带、接闪线、接闪网以及金属屋面、金属构件等组成，避雷针是接闪器的一种。引下线是用于将雷电流从接闪器传导至接地装置的导体。接地装置是接地体和接地线的总合，用于传导雷电流并将其流散入大地。接地体是埋入土壤或混凝土基础中作散流作用的导体。接地线是从引下线断接卡或换线处置接地体的连接导体，或从接地端子、等电位连接带至接地体的连接导体。

内部防雷装置由防雷等电位连接、接地系统、浪涌保护器等组成，主要用于减小和防止雷电流产生的电磁效应影响。

10.3.3　防雷接地设计

1. 外部防雷

外部防雷主要是防直击雷，采用避雷针/避雷网，经引下线接至接地装置。目前，建筑物都会设置防雷措施，因此建筑物内的实物保护设备不用考虑直击雷影响，但是，避雷引下线的位置要与实物保护系统的管道和电缆隔开一定距离，以减少电磁感应的影响。防雷接地要有良好的接地措施，接地电阻越小越好。

滚球法是一种计算接闪器保护范围的方法，原理是雷电会寻找电阻最小的路径放电，假设空气在任何情况下都是均质体，则放电路径沿最短路径。雷电放电最前端由远处靠近时，相当于一个滚球在滚动，滚球在接触到接闪器时，雷电流会通过防雷装置引入大地，滚球滚不到的区域则是接闪器的保护范围。根据建筑物防雷等级，滚球的半径有 30 m、45 m、60 m 三种规格。

2. 内部防雷

内部防雷主要是防雷电引起的电磁脉冲（浪涌），电磁脉冲也是雷电对实物保护系统设备造成危害的主要来源，有效地防止雷击时产生的浪涌，是保证实物保护系统安全、稳定运行的重要措施。室内设备的室外电缆受雷电产生的电磁波激发，在电缆上产生感应电压，使得电缆对地电压升高，可能超过设备耐压而击穿设备（或设备上端口）。如果设备对地电压也一起升高，则不会对设备产生影响，因此电缆屏蔽层和保护钢管在进出建筑物时要进行等电位连接。如果不能等电位（例如供电电缆）或等电位还不能解决问题，则需要设置防浪涌保护器（SPD），将电压（电流）泄放到接地系统。

10.3.4　防雷接地设计要点

1. 保卫控制中心

保卫控制中心接地汇集环或汇集排接至建筑物接地体或建筑物接地干线或楼层接地汇集端的导线截面面积，一般不小于铜芯绝缘导线。与保卫控制中心用金属缆线连接的各类室外终端设备，应在其相应接口处采取雷电浪涌保护措施。

地处多雷区、少雷区的安防系统中心控制室，在电源电缆引入配电柜（箱）的入口端，配置的二端口 SPD 标称放电电流应不小于 20 kA。地处高雷区的控制室，在电源电缆引入配电柜（箱）的入口端，配置的二端口 SPD 标称放电电流应不小于 40 kA。地处强雷区以上的安防系统中心控制室（或战略设施、易燃易爆物存放场所），在电源电缆引入配电柜（箱）的入口端配置的二端口 SPD 标称放电电流应不小于 60 kA。

2. 前端设备防雷

前端设备位于室外，应采取防直击雷保护措施。

摄像机视频信号线为屏蔽金属芯线时，摄像机端不接地，雷电浪涌保护器（SPD）应以视频线的屏蔽层作为等电位参考点，在电源线和视频线上安装二合一浪涌保护器，有云台控制线的安装三合一或多合一浪涌保护器。摄像机视频信号线为非屏蔽金属芯线时，电源线、视频线和信号控制线的雷电浪涌保护器宜合装在一起，摄像机机壳与SPD的接地汇集端相连。SPD的标称放电电流不小于5 kA。

与终端设备不在同一接地系统的探测器、识读器及其他前端设备在室外的信号线、电源线，在其相应的接口端宜安装标称放电电流不小于5 kA的雷电浪涌保护器。解码器与摄像机分离且传输线未穿钢管屏蔽的，应在解码器输入、输出端上安装相应的雷电浪涌保护器。给前端设备供电的电源适配器，其输出端应安装标称放电电流不小于10 kA的二端口雷电浪涌保护器。

置于户外的前端设备的供电线路、音视频信号线路、控制信号线路等应有金属屏蔽层，并宜穿钢管埋地敷设，钢管应至少两端接地。进、出建筑物的非视频用的信号线缆，宜选用有金属屏蔽层的电缆，并宜穿钢管埋地敷设。在直击雷非防护区（LPZ0$_A$）或直击雷防护区（LPZ0$_B$）与第一防护区（LPZ1）的交界处，电缆金属屏蔽层应做等电位连接并接地。

信号线路浪涌保护器应连接在被保护设备的信号端口上，其输出端与被保护设备的端口相连，其接地端应采用截面面积不小于2.5 mm的铜芯导线与相应的等电位接地端子板连接。

采用光缆传输的安防系统，信号传输线路无须采用SPD保护，其光端机的电缆接入端应安装适配的浪涌保护器。但是室外铠装光缆的金属铠装带需要在进入建筑物时接地。

10.4 本章小结

本章对实物保护照明、供电、防雷与接地等辅助系统的功能、设计要求等进行了简单介绍，实物保护系统的正常运行离不开必需的照明、可靠的电源供应以及安全的防雷接地，在设计过程中，应该依据相关法规标准要求进行照明、供电和防雷接地设计。

PART ELEVEN
第 11 章

保卫控制中心设计

保卫控制中心是核设施实物保护系统的统一管理和控制中心，所有与实物保护有关的报警、图像、出入控制等信息均集中在此处处理和显示。值班人员在控制中心对实物保护所有信息和设备进行实时监控，当发生异常情况时，值班人员可以通过实物保护管理平台及时发现并通知警卫进行处理。实物保护等级为一级和二级的核设施要建立保卫控制中心，实物保护等级为三级的核设施设保卫值班室。本章对保卫控制中心的功能、设计、值班等要求进行描述。

11.1 保卫控制中心的功能

11.1.1 系统实时监控

在正常状态下，保卫控制中心对出入口控制、入侵探测、视频监控、通信、照明、供电和巡更等系统进行实时监控和操作，如实时查看出入口通行信息、操作出入控制设备、查看报警信息及复核报警原因、查看视频图像、执行设备的功能性能测试等。

在发生入侵等突发事件时发出声、光报警并显示报警位置；在接收报警信号的同时，联动视频复核、录像等设备。在设备、线路出现故障、失效、异常时发出报警并显示故障位置。

11.1.2 报警信息处理

在现场发生异常情况时，实物保护系统发出报警或值班人员接到报警后，保卫控制中心需要对事件进行相应的处理。例如，出入口控制点防胁迫报警，应查询人员通行记录、视频或与出入口进行通信，查明报警的原因，做好记录并按照流程进行处理。收到探测器报警信号时，需要查看视频，核实是入侵报警、噪扰报警还是故障报警，做好记录并按照流程进行处理。

11.1.3　通信和突发事件处置

在保卫控制中心可以与核设施保卫工作主管部门、各出入口、警卫人员、值勤巡逻人员、地方公安部门和/或武警部队值班室保持联系。当发生擅自转移或蓄意破坏等突发事件时，以及在应对突发事件的过程中，保卫控制中心主要承担信息获取、现场监控、事件评估、干预及警戒等职责，按照核设施的突发事件处置预案采取适当的行动。在发生严重事故时，如果保卫控制中心不具备可居留性，实物保护技防系统和出入口控制功能可手动切换到应急指挥中心，在应急指挥中心执行保卫控制中心的功能。

11.2　保卫控制中心的设计

11.2.1　保卫控制中心的设施布局

保卫控制中心一般按核设施内最高实物保护等级进行保护。保卫控制中心的建筑应该六面坚固。当保卫控制中心本身为独立的建筑物时，该建筑距所在保卫区域周界实体屏障距离应不小于 6 m。当保卫控制中心为其他建筑物的一部分时，应与该建筑物内其他工作区域相对独立，所在建筑物距所在保卫区域周界实体屏障距离应不小于 6 m。

保卫控制中心一般由监控室、设备间和配电间等功能区域或房间组成。监控室、设备间和配电间等主要功能区域的使用面积应与实物保护系统规模相适应，设计时应考虑系统扩展的可能。

11.2.2　保卫控制中心的设备布置

保卫控制中心的设备主要有控制台、工作站、显示屏、机柜、服务器、网络设备等。其中控制台、工作站和显示屏设置在监控室内，服务器、网络设备等设置在独立的设备间。在设备布置设计时，要考虑合理的空间，以满足人员操作及设备的安装、维护、搬运和散热等要求。在安装时，控制台、机柜等设备应安装稳定牢固，保卫控制中心内所有设备的可导电金属外壳、金属管道、金属线槽和建筑物金属结构等应进行等电位连接并良好接地，防止对人身造成机械、电气伤害。

1. 控制台与工作站

控制台是值班人员使用频次最高的人机设备，控制台的设置应方便值班人员之间的交流和交互操作。控制台可按单侧直线、单侧弧线布置。一般在控制台上布置工作站、有线和无线通信装置、紧急报警装置及其他控制设备，以满足日常监控管理和突发事件等特殊情况下指挥的需要。控制台布置时，为避免分散值班人员的注意力，应避免使值班人员的座位背向或朝向主要出入口，控制台前面、后面、侧面宜与墙保持一定的间距。

工作站的数量要根据实物保护系统的功能和规模确定，工作站的布置要使值班人员能方便地查看、使用文件资料。当采用多个工作站组合在一起时，相邻操作位置上的值班人员需要间隔一定的距离，同时还要考虑设备共享、区域共享和噪声干扰等因素。

2. 控制设备

控制设备包括键盘、对讲终端、按钮等。控制设备布置时，应将使用频次最高、最重要的设备布置在值班人员操作舒适的区域，使用频次低、重要性低的则依次向边缘布置；同时，应考虑系统的安全性和效率，根据系统逻辑对控制器进行排列布置，操作关联性大的设备不宜离太远。

3. 显示设备

显示设备主要包括控制中心内的大屏幕显示墙和控制台上的屏幕显示器。大屏幕显示屏提供高清晰度、大画面的显示，一般用于集中或分屏显示视频图像、电子地图、报警联动视频等关键信息。显示器主要用于显示计算机相应的图像、文字和灯光信息。

显示屏可以根据现场条件和使用要求，选择 LCD、LED 或 DLP 拼接屏等显示设备，可以采用曲面屏或平面屏等形式。显示屏的分辨率应不低于系统实时图像和回放图像的分辨率。显示屏的尺寸应充分考虑系统规模和视觉效果，并避开强光直射；应设显示屏检修通道，通道宽度满足维修要求。显示屏与工作站监视器的显示内容应有合理划分。

4. 设备机柜

设备机柜的布置应留有足够的操作、维护空间。当地面采用活动地板时，设备机柜应固定在钢制支撑架上，支撑架应固定在基础地面上。当采用其他地面时，设备机柜应固定在基础地面上。设备机柜内的设备布置应符合功能相近、方便布线的原则。

11.2.3 环　境

根据核设施所在地理区域，保卫控制中心内可以安装采暖、空调、卫生洁具、饮水等设施，以保证值班人员的值班需要。保卫控制中心的室温一般要求在 18 ~ 28 ℃，相对湿度 30% ~ 75%，设计时需要考虑电子设备散热对环境产出的影响。

通风系统设计要避免电池充电时产生的烟雾或气体在室内弥漫，可以由值勤人员自行开闭通风管道。

控制中心的背景噪声应不能太大，对产生强噪声的装置（如备用发电机组）和低频噪声的装置（如变压器、通风扇、打印机）都应采取隔声或弱声措施。

保卫控制中心的室内照明不能影响对显示屏和报警灯的观察，不应在显示屏上产生反光、眩光，照明应由控制中心的执勤人员自行控制。

11.2.4 人机工程考虑

随着社会的发展、技术的进步，人们在注重生产运行功能的同时，更加注重舒适性、可靠性和高效性。保卫控制中心作为实物保护系统的核心，在控制中心的设计过程中应使得环境与其中的软硬件设备符合人的心理与生理特点，同时也需要考虑工作人员的能力及其限度，从而使值班人员充分发挥能动性，保证系统安全、高效运行。

控制中心的设计需要考虑多方面的人机工程学因素，如显示设备布局对人的视野的适应性，控制装置的可操作性，显示信息的易读性，值班人员的作业姿势与控制台柜、座椅设计的合理性，控制中心的作业环境（照明、噪声、空气质量、工作空间、活动空间）等。人机工程涉及工程学、生物学、心理学和社会环境等众多因素，与控制中心相关的人机工程设计也有很多标准，如 DL/T575 系列标准《控制中心人机工程设计导则》。本节结合控制中心的功能和人体尺寸等对保卫控制中心的主要人机接口设备的设计进行简要描述，控制中心的照明、噪声、温湿度等作业环境要求在相关控制中心标准中均有要求。

11.3 集成管理系统

11.3.1 集成管理系统的功能和要求

系统集成就是将各个分离的子系统、硬件设备、软件模块和数据信息等集成到相互关联的、统一和协调的系统之中，使资源达到充分共享，实现集中、高效、便利的管理与应用。实物保护集成管理系统能够将入侵报警、出入口控制、视频监控、通信、照明及供电等系统很好地集成为一体，各子系统通过计算机网络技术互联，形成一套界面统一、功能完整、数据库共享的安全防范系统。如果集成管理系统发生故障，各子系统仍能单独运行，且本身的性能和功能不降低。系统集成实现的关键在于统一接口和协议，以解决设备、子系统与管理平台等之间的互联、互操作问题。

11.3.2 集成管理平台

集成管理平台是指对实物保护各子系统进行集成与管理的平台。集成管理平台作为值班人员控制、管理和维护实物保护系统的主要操作平台界面，需要对出入口控制系统、入侵报警系统、视频监控系统、通信系统等各子系统进行数据采集、联动处理、综合显示、智能分析处理等，并要求功能简洁、操作流畅。

集成管理平台具有以下功能：

1. 报警管理

能实时接收并显示多路探测器报警信号，能对入侵探测设备进行布防、撤防管理和报警优先权设置；对入侵报警、故障报警、防拆报警、噪扰报警等进行分类处理；对报警信号进行逻辑编程，如对多个报警信号进行与、或等复合操作后再输出一个报警信号，以提高报警准确率。

接收到报警信息时，控制中心发出声光及语音提示，能根据预定义自动调用相关摄像机图像进行复核和智能分析，在电子地图上显示报警信息，在指定监视器上自动弹出视频图像。

2. 视频监控管理

具有视频管理功能，能查看所有摄像机实时图像，快速查找、定位摄像机，控制前端设备（云台、镜头、雨刷等），能将指定的实时图像、录像自动和手动切换显示至指定的监视器，对大屏幕拼接、分割进行控制。

3. 出入口控制管理

能对各保卫区域出入口进行实时监控，采集、汇总、记录和显示人员或车辆出入信息，以及出入口控制设备的状态信息。包括正常通行、异常出入、门状态。异常出入时可联动相关视频画面并有声光及语音提示。通过平台软件对单个门或多个门执行开门、关门、常锁、常开等操作。

4. 通信管理

能接收通信终端设备状态信息，如通话中、空闲、故障等。

5. 巡更管理

能采用在线或离线方式监测巡更执行情况，编制巡更路线，对于异常巡更采取相应措施；能查询巡更信息，包括巡更点、巡更路线、巡更状态和巡更时间等，并可显示具体点位的刷卡人及时间信息。

6. 设备管理

能够收集、显示和统计实物保护各子系统的设备信息，以表格、拓扑图等形式显示设备分布。能够对实时在线设备的工作状态和网络链路性能等进行自动监测和故障报警，通过定时巡检对非在线设备运行监测。

设备信息一般包括：设备类型、设备名称、设备编号、设备位置、设备连接、出厂日期、采购日期、实时设备运行状态显示（包括正常、故障等状态）、设备巡检记录、设备维修维护记录、备品备件管理等。

7. 事件管理

具备事件分类管理功能，可生成日志文件。具备分类信息检索功能，并提供标准及用户自定义的报表，可根据区域、事件、时间、设备、人员等制作各类报表，报表内容及格式应根据用户需要能够以独立文件形式生成。

8. 预案管理

针对报警信息进行分类，以利于快速判断是否有入侵等突发事件，根据紧急程度和重要程度对报警信息进行分级，有利于及时处置。

突发事件处置预案设计应流程化、具体化，针对不同的报警或其他应急事件编制不同的处置预案。发生入侵报警时，应自动同时显示入侵部位、图像和（或）声音，并显示可能的对策或处置措施，同时应明确相关人员的责任。对预案的处置过程进行记录有助于事件追溯，同时可积累经验，丰富知识库，不断对预案进行优化。

9. 日志管理

日志包含运行日志、操作日志等。运行日志能记录系统内设备启动、自检、异常、故障、恢复、关闭等状态信息及发生时间；操作日志能记录操作人员进入、退出系统的时间和主要操作情况。

日志管理可以如实记录系统每天的运行情况，不仅可以为系统运行状态、故障分析等提供依据，而且可以为各种案件的侦破提供必要的线索。可显示、记录和查询用户的登录信息，包含用户名、角色、时间等信息，可以记录和查询系统的配置信息、配置修改信息，支持按日志类型检索日志信息。日志信息可以按所需要的格式导出，支持系统数据分类统计和分析，生成相应报表。

10. 用户权限管理

权限管理一般包括增加、修改、删除和查询用户权限等功能。支持为每个合法用户分配相应的权限。通过用户与权限管理，可以保证授权用户对资源的利用。

11.3.3 电子地图

实物保护系统的设备较多，分布较广，电子地图能够使值班人员通过一张图综合监控设施实物保护系统的报警、出入控制、视频、设备等情况，将设备分布、运行状态信息等直观、清晰地呈现给保卫控制中心的值班人员，通过电子地图也可以实时对前端设备进行简单操作。

电子地图需要根据核设施和实物保护系统进行定制，应包括与实物保护系统相关的所有信息，如总平面布置情况（周界、建筑物）、实物保护系统设备布置情况等。电子地图一般具有以下功能和要求：

1. 支持地图类型和显示

电子地图要能支持位图、矢量地图、GIS地图等多种地图功能，支持地形图、各类专题图等数据的更新与维护。

具有地图缩放、分层切换显示、分屏显示功能。通过点击总平面图的相应区域调出嵌套子平面图，当有报警等事件发生时自动弹出嵌套子平面图。电子地图能按照各个子系统的设备逐层进行显示，例如出入口控制设备层、入侵报警设备层和监控摄像机层等。

2. 报警显示和操作

电子地图可以实时显示各探测报警设备的运行状态，包括布撤防状态、报警和故障情况；可在电子地图上直接处理发生的各类事件，如消除报警、控制动作输出等；能在一个界面内同时显示各层周界上的各种入侵探测器的报警信号。

3. 出入控制的显示和操作

电子地图可以实时显示各出入口控制设备的运行状态，包括报警和故障情况；可以在电子地图上直接处理发生的各类事件，如控制门的开启和关闭等。可以在电子地图上直观实时显示各区域人员数量，通过调用出入口系统的信息进行区域人员统计。

4. 视频监控的显示和操作

电子地图可以实时显示设施各摄像机的位置、编号及工作状态，通过点击电子地图上摄像机的编号，可以直接显示实时图像或调阅其历史录像。

5. 设备操作和显示

支持自定义设备图标，支持设备任意形状框选，能够通过电子地图快速查找设备并定位，具备多客户端分屏显示功能。

6. 三维建模和显示

三维电子地图以更直观的实景模拟表现方式，给值班人员呈现出设施和设备的情况，具有二维电子地图无可比拟的优势，如摄像机的视场展示、探测器的探测范围展示等；能支持实物保护周界、相关建筑物、道路及设备的虚拟三维建模，可以进行远景、近景、透视、360°全范围、分图层显示，无缝融合探测器、摄像机、出入控制设备、通信终端，对设备及其运行状态能可视化显示，显示和记录巡更情况。

11.4 实物保护系统的网络安全

11.4.1 网络安全威胁

随着科技不断进步和发展，视频监控、信息网络、工业控制、计算机等先进技术飞速发展。监控摄像机从早期的模拟视频监控到数字视频监控，再发展到智能视频监控和高清视频监控；出入控制识别从传统的射频卡，发展到虹膜、静脉、人脸等生物识别。技术的发展为实物保护系统带来更大的优势，让我们看得更清、辨得更细、认得更准。但是智能监控、生物识别等都是基于网络接口，采用互联网通用的 TCP/IP 协议，也使得我们传统的实物保护系统网络外移，大量网络设备暴露在保护区、控制区甚至控制区以外，给实物保护系统带来极大的安全隐患。

实物保护系统一些关键系统、设备关系到核设施的运行安全，比如出入口控制系统，如果被非法人为控制或攻击，将为不法分子打开一道方便之门。网络安全威胁可能来自人为因素，也可能来自非人为因素，既包括外部威胁，也包括内部威胁，如图 11-4-1 所示。其中，人为因素的内部威胁是网络安全防范的关注点，也是防范难点。

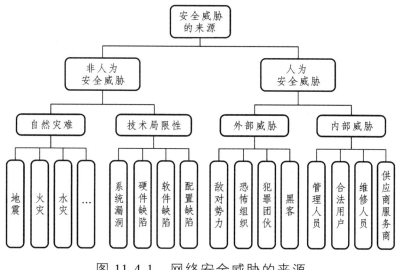

图 11-4-1　网络安全威胁的来源

实物保护系统网络安全的风险点，主要在以下几个方面。

1. 接入安全隐患

实物保护系统网络设备点位多、分布广，IP 摄像机等大量网络设备部署在道路、周界等区域，直接采用 RJ45 网口暴露在室外。同时由于实物保护系统物理隔离，前端设备漏洞修补不及时甚至无修复，网络设备端口随意开放、使用弱口令等，很容易遭受网络攻击和感染僵尸、木马、蠕虫等恶意破坏程序，攻击者可以通过网口入侵至视频监控系统、出入口控制系统乃至整个实物保护系统。

2. 传输与通信安全隐患

报警、视频、控制传输链路往往在室外长距离传输且缺乏安全监测措施，易受破坏和非法接入，有可能成为非法使用、非法访问、入侵破坏的发起点。

实物保护系统通信大量采用 TCP/IP 协议以及各子系统供货商提供的各种工业通信协议，网络通信协议漏洞问题突出。通信协议安全性差，传输的信息数据仅采用简单加密甚至明文传输，通过破解通信传输协议，即可读取传输的数据并进行篡改、屏蔽等操作。一些敏感数据、信息在传输过程中没有机密性、完整性保障机制，存在被泄露或篡改的风险。

3. 网络边界防护不足

虽然实物保护系统网络与其他系统物理隔离，但是系统不可避免地需要通过 U 盘或其他方式与外界系统进行数据交互；另外，近几年的物理隔离网络渗透测试证明，通过声信号、手机、电源线、电磁辐射等均能破坏物理隔离，内部网络依然存在被攻击的风险。同时，目前的实物保护网络架构中并未针对每个子系统进行隔离防护，一旦因其中某处遭受病毒感染或威胁入侵，即可直接破坏整个实物保护系统。

4. 操作系统及应用软件风险

目前，实物保护系统服务器、工作站大多采用 Windows 操作系统，甚至安装不再更新的 Windows XP 操作系统，操作系统存在很多已知或未知的漏洞，一旦发生针对性的网络攻击或病毒感染，则会造成无法想象的后果。

系统涉及不同的应用软件，设备供货商提供的应用软件往往更注重功能和性能，安全性不会被优先考虑，因此，各种各样的后门、漏洞等问题都有可能出现。

5. 网络安全管理隐患

保卫控制中心值班操作人员通常为普通保安，对计算机、网络等技术知识和技能掌握有限，网络安全意识不强，内网监管措施比较简陋，如普遍采用弱口令、USB 存储设备滥用、非法外联等，存在安全隐患。

同时由于实物保护系统设备数量较多、网络结构复杂，值班人员无法及时了解网络的运行状况，无法了解网络的漏洞和可能发生的攻击，网络如果遭受病毒和黑客攻击，操作、维护人员无法进行故障点查询和原因分析，一些小的安全问题无法及时发现，可能发展成大的安全事故才会被发现和解决。

11.4.2　网络安全相关标准要求

1. 实物保护相关标准要求

2018 年发布的核安全导则《核设施实物保护》对网络安全提出专门要求，要采取相应措施保障实物保护系统的网络安全，采用专用网络，防护等级符合《信息安全技术　信息系统安全等级保护定级指南》和《信息安全技术　信息系统安全等级保护基本要求》的要求。

《核设施实物保护保卫控制中心技术要求》提出，保卫控制中心的网络安全保护等级应不低于第三级等级保护。

2. 网络安全等级保护要求

网络安全等级保护《信息安全技术　信息系统安全等级保护基本要求》，从安全物理环境、安全通信网络、安全区域边界、安全计算环境、安全管理中心五个方面提出技术安全要求，涵盖传统信息系统、基础信息网络、云计算、大数据、物联网、移动互联和工业控制信息系统。与等级保护 1.0 标准被动防御的安全体系不同，等级保护 2.0 更注重全方位主动防御、安全可信、动态感知和全面审计。

第三级等级保护安全物理环境包括物理位置选择、物理访问控制、防盗窃和防破坏、防雷击、防火、防水和防潮、防静电、温湿度控制、电力供应、电磁防护；安全通信网络包括网络架构、通信传输、可信验证；安全区域边界包括边界防护、访问控制、入侵防范、恶意代码和垃圾邮件防范、安全审计、可信验证；安全计算环境包括身份鉴别、访问控制、安全审计、入侵防范、恶意代码防范、可信验证、数据完整性、数据保密性、数据备份恢复、剩余信息保护、个人信息保护；安全管理中心包括系统管理、审计管理、安全管理、集中管控。

3. 安全防范行业等安全要求

2017 年发布的《公共安全视频监控联网信息安全技术要求》(GB 35114—2017)，规定了公共安全领域视频监控联网视频信息以及控制指令信息安全保护的技术要求，明确要求视音频数据的可信编码及验证、视音频数据加解密，防止视频数据被篡改、伪造和泄密，确保视频监控联网信息安全。虽然该标准适用于公共安全视频监控系统，但对整个视频监控领域安全建设起到强有力的推动作用。需要注意的是，GB 35114 主要解决的是信息安全，并不解决设备安全，即摄像头本身的芯片操作系统会不会攻击。

11.4.3　实物保护系统网络安全部署

11.4.3.1　网络安全部署的原则

1. 分域防护，综合防范

实物保护系统涉及计算环境、网络、设备等软硬件，要根据重要程度对网络资产进行分级，合理划分安全域，综合采取多种有效安全措施，进行多层和多重保护，保障系统安全。

2. 平衡需求、风险和投入

任何系统和网络都没有绝对的安全，要正确处理需求、风险与投入三者的关系，进行适度防护，做到安全性与可用性相容，技术上可实现，经济上可执行。网络安全部署应尽可能地提升系统网络安全的最短板。

3. 技术与管理相结合

网络安全涉及人、技术、程序等各方面因素，"三分靠技术、七分靠管理"，技术为网络安全提供保障手段，管理、人员和制度为网络安全提供明晰的目标和措施。因此在考虑系统网络安全时，必须将各种安全技术与运行管理机制、人员教育培训、安全规章制度等相结合。

4．扩展性

网络及安全技术发展迅速，网络安全措施建设须首先保障基本的、必需的安全性，同时具有良好的安全可扩展性，今后随着技术的发展，调整安全策略，加强安全防护，以适应新的网络安全环境，满足新的信息安全需求。

11.4.3.2 制定网络安全策略

1．梳理网络资产清单

根据实物保护系统网络架构和组成分析，实物保护系统的网络资产大致可分为中心管理设备、现场控制设备、现场前端设备、网络设备等。

2．确定保护对象，分级分区保护

与实物保护一样，要确定网络系统的保护对象，可以采用手工列出法，也可以采用故障树等逻辑图分析法。手工列出法是把所有需要保护的对象及其所在区域列出，根据其执行的功能重要性进行安全等级划分。故障树分析方法是采用风险分析和评价的方法，从系统遭受破坏的后果的角度，分析薄弱环节和不良事件，评价实物保护系统中哪些子系统和设备为关键设备，以此作为重要性分级的依据。故障树分析需要把实物保护网络系统可能的风险或后果一一列出并进行排序，如服务器中断、系统被入侵、控制器失效等，针对每条风险依次分析导致不可接受的后果的设备或事件组合。

在安全等级划分的基础上，将安全等级相同的设备划入同一安全域，安全域内的设备采用相同的网络边界，在网络边界上以最小权限开放对其他安全域的网络访问控制策略，在发生攻击或病毒入侵时将威胁最大化地隔离，减小域外事件对域内系统的影响。

3．确定资产访问控制需求

在确定保护对象的基础上，需要制定网络资产、设备的访问控制需求。与实物保护出入口控制系统类似，资产访问控制解决的是允许或禁止"访问主体（谁）"带着什么"信息（物品）"通过"某信息通道（出入控制点）"的问题。这些访问控制可以通过技术、管理、制度等相互结合来实现。

11.4.3.3　网络安全方案

1. 现场设备安全

现场设备主要负责感知外界信息，包括采集、捕获、转换数据或识别物体等，一般暴露于室外复杂多变的环境中，应采取相应防护措施，满足使用要求。如摄像机外壳防护等级符合特殊复杂环境要求，增加前端摄像机设备本身的安全检测要求。

2. 通信及传输安全

（1）冗余与传输安全。

核心网络通信设备和关键链路采用硬件冗余，线路传输具有强抗干扰性，采用技术措施对传输线路（光缆、电缆）进行实时检测，保障通信安全。

实物保护系统的业务处理相对比较单一，对系统网络流量实施监控，发现可疑传输时发出报警、隔离或主动拦截，防止非法侵入。

对报警、视频、控制等传输线路进行加固和加密，防范恶意非法连接，保证数据的完整性。

（2）前端准入控制。

各子系统的现场设备、控制设备与管理平台、存储进行数据交互，因此要对前端设备接入进行安全认证，防止通过前端链路入侵后端核心区域。例如，视频安全准入系统，通过对视频协议进行解析，只有认证通过的摄像机终端视频流才能通过。

报警和出入控制等系统采用工业协议分析和过滤，阻断不符合协议标准结构的数据包、不符合业务要求的数据内容。

3. 区域边界安全

（1）网络边界防护。

实物保护系统与其他网络采用物理隔离，利用入侵检测、漏洞扫描等工具，对系统可能的隐形网络连接进行探测和阻断。

根据重要程度将实物保护系统划分成不同的网络区域，不同区域网络边界之间部署边界安全防护设备，实现安全访问控制。

表 11-4-1 列出了几种网络安全逻辑隔离措施。

表 11-4-1　几种网络安全逻辑隔离措施

逻辑隔离措施	功　能
工业网闸	实现网络内部不同安全级别网络间的安全数据交换，通过链路阻断、协议转换的方式实现信息摆渡，具有深度解析多种工业协议、内容检测、访问控制、安全防护等功能
工控防火墙	支持传输协议和工控协议深度解析、支持工控资产管理与行为检测、白名单，系统流量监测、访问控制
单向隔离网关	实现不同网络级别间的单向通讯，从物理链路层、传输层保证数据的绝对单向流动，解决高密级网络信息泄露的问题
虚拟局域网	同一物理局域网内的不同用户逻辑地划分成不同的广播域，流量控制、简化管理，可用于相似安全级别间的不同安全区域之间的防护

（2）网络安全入侵检测/防御。

部署网络安全入侵检测或防御设备，监控和分析网络流量、协议，对网络攻击和异常行为进行识别、报警、记录，及时发现、报告并处理包括病毒木马、端口扫描、暴力破解、异常流量、异常指令、工业控制系统协议包伪造等在内的网络攻击或异常行为。

4. 主机安全

（1）主机安全加固。

实物保护系统关键主机如服务器、管理平台采用冗余配置，提高系统可靠性。

通过服务器、工作站系统加固，移去不需要的功能，保留达到系统运行所需的最小能力，减少攻击面以降低或消除风险。例如，拆除或封闭主机上不必要的 USB、光驱、无线等接口，卸载不必要的软件，移除不必要的登录，关闭不用的端口，关闭不必要的服务。

（2）账户和登录安全。

根据最小使用功能原则，合理设置系统账户权限，确保因事故、错误、篡改等原因造成的损失最小化。登录服务器、工作站时，使用高安全密码，如用有复杂度要求的口令密码、USB-key、智能卡、生物指纹、虹膜等进行身份认证，必要时可同时采用多种认证手段。

（3）应用程序白名单。

实物保护系统及设备为长期连续运行，系统可用性、实时性要求较高，因此，对于服务器、工作站等的应用程序软件，采用"白名单"方式进行安全保护。只有"白名单"内的软件才可以运行，其他进程都被阻止，以此防止病毒、木马、恶意软件的攻击。系统补丁、软件更新、防病毒软件等应事先经过评估验证测试，具有高安全性和兼容性，不对系统运行造成影响。

（4）外接设备及端口控制。

U盘、光驱、无线等外接设备的使用，可以便携地进行信息交换，但也为病毒、木马、蠕虫等恶意代码入侵提供了途径。应该对这些设备进行严格管理和控制，确需使用时，可采用外设安全管控、隔离存放有外设接口的主机等安全管理技术手段。

（5）防恶意代码。

系统安装防病毒软件，定期扫描病毒和恶意软件、定期更新病毒库，临时接入设备（U盘、移动终端等）采取病毒查杀，防止病毒和恶意软件入侵。

（6）主机安全审计与入侵防御。

部署主机安全审计产品，对实物保护系统设备、应用等的访问日志进行记录，并定期备份，通过审计人员账户、访问时间、操作内容等日志信息，追踪定位非授权访问行为。

（7）数据安全。

对系统中重要数据进行加密、访问控制等保护措施，对关键数据，如配置文件、设备运行数据等进行定期备份。

部署视频安全密钥服务系统，从前端摄像机、到后端存储，对视频流加密，防止视频码流被非法截取，保证视频传输安全和存储安全。使用安全摄像机，保证只有平台授权的有解码密钥的用户才可以看到正常的视频监控的图像，无解码密钥的用户虽然能够顺利地解码并有图像输出，但看不到真实的清晰图像。

5. 安全管理

（1）网络资产清单管理。

建立实物保护系统网络资产（硬件、软件、信息）清单，包括设备类型、品牌、操作系统、运行状态等信息，并形成设备资产库。通过定期扫描，与资产库比对，及时发现地址变更、设备地址冒用、视频设备非法接入、非法替换等资产异常问题，从而实现对设备在线、故障、非法接入/替换进行监管。

明确资产责任人，建立资产使用及处置规则，定期对资产进行安全巡检，审计资产使用记录，并检查资产运行状态，及时发现风险。

（2）网络安全状态监测。

对于大型实物保护系统，网络视频数据的大量传输可能会造成网络访问的延迟，甚至可能出现网络崩溃等现象，所以有必要对系统网络设备状态、数据流量等进行监测。通过网络设备安全状态、网络安全监测，使值班人员通过可视化的集中管理界面，掌握整个网络的使用情况及网络威胁，准确定位、管理可能因网络安全问题导致的故障。

（3）行为、事件记录管理。

由于实物保护系统中的设备数量较多，保卫值班操作人员水平参差不齐，因此有必要进行统一的集中审计管理，记录所有系统及相关用户行为的信息，包括系统安全事件、用户访问记录、系统运行日志、系统运行状态等各类信息，并对信息进行处理和统计，及时发现系统异常事件，有迹可查，杜绝内部人员的安全隐患。

6. 管理制度与事件响应

网络安全技术措施的落实离不开管理、人员和制度程序，制定安全管理制度、程序，对网络准入管理、网络配置管理、网络运行/监控管理等做出明确规定和要求，制定网络、主机、数据安全管理制度、安全事故应急处理、系统和应用管理等措施。

制定网络安全事件应急响应预案，当系统出现异常或故障时，立即采取紧急防护措施，防止事态扩大。预案应包括应急计划的策略和规程、应急计划培训、应急计划测试与演练、应急处理流程、事件监控措施、应急事件报告流程、应急支持资源、应急响应计划等内容。

11.5 本章小结

本章对保卫控制中心的功能、控制中心的设备、集成管理系统、网络安全等几个方面进行了描述。实物保护系统的大部分功能都要由保卫控制中心完成，因此保卫控制中心设计应全面考虑多方面的因素，充分发挥实物保护系统的作用，保障核材料核设施的安全。

PART TWELVE

第 12 章

反应与人防措施

实物保护系统设计应遵循探测、延迟、反应相协调的原则，反应力量的配置与部署，突发事件处置预案与演练，直接关系到反应的成败和实物保护系统的有效性。实物保护系统的设计、建设和运行需要将人防、物防、技防手段有机结合，构建满足管理要求、能够应对基准威胁的综合防范体系。本章对反应要素以及人防措施进行简单介绍，在实物保护设计时需要考虑相关设施设备和措施。

12.1 反　应

12.1.1 反应的基本概念

探测、延迟和反应是实物保护的"三要素"，所有的实物保护措施都是围绕着"三要素"来实现其功能。探测是感知和发现敌手的入侵事件，延迟是延长和阻碍敌手的入侵行动，反应是组织和部署反应力量，在敌手达到目的前中止敌手的行动，防止风险事件的发生。

反应力量是指有适当的装备并受过训练，用来对付试图非法转移核材料或破坏行动的现场或场外武装人员。反应力量一般包括驻设施警卫部队、设施保卫人员，以及外部反应支援力量。驻设施警卫部队是突发事件处置的主要力量；设施保卫人员是突发事件处置的辅助力量；当入侵敌手超出设计基准威胁水平或事件超出设施管辖范围时，可能需要请求外部反应支援力量，结合实际一般考虑当地警卫部队、地方公安等。

12.1.2 反应力量部署和保持

1. 驻设施警卫部队

警卫部队驻地需尽可能靠近核设施，配备必要的反应装备和通信手段，以利于突发事件的快速反应和处置。

日常值守中，一般在实物保护区域出入口、核材料贮存场所等重要部位设置执勤岗哨，在设施相关区域设置执勤流动哨，结合实际可能在重要位置（或距重要目标较近距离处）设置前置反应组（班）。

警卫部队需要按照部队相关要求并结合设施单位实际情况，进行日常军事训练、思想政治教育及专业技能培训。

2. 设施保卫人员

设施保卫人员是经过训练或具有一定专业技能的安保人员，一般包括保卫控制中心值班人员、实物保护各区域出入口值班人员、巡逻人员、突发事件处置待班人员，以及实物保护系统维护运行人员。

发生突发事件时，出入口控制、巡逻、突发事件处置待班人员、系统维护运行人员等按照相应职责，按预案参与处置行动，按要求携带必要的通讯和装备。

设施保卫人员一般由设施单位组织开展军事和业务培训。军事训练包括军姿训练、基本队列及行进训练、必要的体能和防卫技能培训等；业务培训包括思想政治学习，安保管理规定、制度及岗位职责培训，岗位设备操作和使用规范培训，记录工作要求和规范培训，突发事件处置预案培训等。

3. 武器装备

驻设施警卫部队按部队管理要求，配置枪支等武器装备。设施单位为警卫部队及保卫人员配备其他必要的装备器材，一般包括有一定防护能力的机动反应车辆、单兵防护装备、防爆器材、夜视侦查设备、驱散装备等。

在日常运行的基础上，应保证驻设施警卫部队、设施保卫人员足额配备，专业技能达标，反应装备完整可用；与外部反应支援力量、外部医院及消防队等机构协调、通讯畅通；同时，配备必要、可用的车辆、通讯、辐射监测、消防救援、医疗救护等设备器材。

理论上讲，反应人员的武器装备应与设计基准威胁相适应，即武器装备应不低于，最好是显著强于设计基准威胁中入侵人员的装备，防御装备应尽可能抵御敌手的攻击装备。例如，设计基准威胁中的敌手有轻型武器，则反应人员至少也有相当的轻型武器，并配备必要的防弹衣、防弹头盔。敌手有爆炸物，则反应人员应配备必要的防爆罐、防爆毯。

12.2 突发事件处置

12.2.1 突发事件处置要求

实物保护突发事件是指针对核材料、核设施进行的偷窃、擅自转移或者蓄意破坏的事件，一般可分为预警信息事件、一般性事件以及武装入侵事件三种类型。其中：预警信息事件是指根据相关情报显示有可能发生的针对核材料或核设施的威胁；一般性事件是指非武装入侵、内部作案等恶意事件及其他群体性事件等；武装入侵事件是指携带武器人员对核设施或核材料的入侵行动。

为有效应对实物保护突发事件，需要根据设计基准威胁、设施保护目标，预想可能发生的事件，制定详细的突发事件处置方案和反应程序，并定期组织突发事件演练，维持必要的反应能力。

12.2.2 突发事件处置预案

实物保护突发事件处置预案一般包括设施单位基本情况、突发事件处置组织机构、突发事件描述、突发事件处置程序、综合保障、培训与演练、事后处置与附件等内容。在制定突发事件处置方案时，要与驻设施警卫力量、地方公安、消防和环境保护等部门进行充分的协商，明确各部门的责任。方案制定后，报地方公安部门备案。

1. 设施单位基本情况

描述设施单位的设计基准威胁、保护目标等基本信息，以及实物保护人防、物防、技防等措施。

2. 突发事件处置机构和人员职责

要建立突发事件处置协调小组，明确规定保卫、包括保卫、通讯、交通、供水、供电、消防和武警部队在内的各部门和各级人员职责。

突发事件处置组织机构一般包括保卫控制中心、办公室、安全保卫组、核材料组、辐射防护组、消防救援组、医疗救护组、后勤保障及通讯组。

保卫控制中心是突发事件处置过程中反应、处理事件的指挥场所，发生真实的入侵后，越是严重的入侵对处置时间要求越高，一般保卫控制中心的值班人员具有指挥的权限。办公室协助控制中心实施突发事件处置相关工作。安全保卫组负责召集反应力量，包括驻设施警卫部队、设施保卫人员以及外部反应支援力量。核材料组负责检查确认库房设施是否完好、核查核材料是否丢失等现场处置工作。辐射防护组负责进行事件现场环境放射性水平监测，确认是否发生放射性物质释放，进行事故等级和影响评价，并对现场人员进行防护指导。消防救援组为突发事件的处置提供消防保障措施，实施现场救援工作。医疗救护组为突发事件的处置提供医疗保障，负责事件处置过程中受伤人员救护、照射人员紧急处理等工作，必要时联系当地医院进行支援和协助。后勤保障及通讯组为突发事件处置提供物资及通信等保障条件，配备通信设备的维护与检修人员，确保信息获取和传递渠道畅通，负责事件处置过程中现场的录像摄像等记录工作，进行事故后现场的清理及善后工作。

3. 突发事件描述

基于设计基准威胁，明确应对的突发事件类型，描述入侵敌手人员数量、武器装备配备以及采用的策略或攻击路线等可能发生的假想事件信息。

4. 突发事件处置程序

实物保护突发事件处置程序一般包括反应启动、反应过程处理与反应终止三个阶段。反应启动是指按照突发事件反应程序明确的反应启动条件，通过通信、广播等形式启动反应。反应过程处理是指按照突发事件反应程序的要求，在突发事件处置指挥中心的统一指挥下，各部门各司其职、实时联络、协调行动，协同处置突发事件。反应终止是指突发事件得到控制，满足可恢复安全状态、解除反应状态的条件时，通过广播、鸣笛等形式终止反应。

5. 综合保障条件

包括反应所需反应力量组成与武器装备，交通车辆、通信设备，以及辐射监测、消防救援、医疗救护等设备器材，这些器材和装备应保持在完整、完好和可随时启用的状态。

6. 培训与演练

对处置突发事件的人员要进行培训和考核，明确培训的方式、内容、频次、学时要求和培训记录等，明确演练的频次、方法以及演习记录、演习后总结等相关要求。

7. 事后处置

明确事后恢复及清理要求，处置报告编制要求；处置报告一般包括事件情况或过程、事件原因与后果分析，以及存在不足或薄弱环节分析、改进措施和建议等。

8. 其他

包括设施平面布置图、核材料布置图、实物保护布置图、反应装备器材清单，以及主要人员联系方式等。

12.2.3　突发事件处置预案的评估与修订

设施单位应定期对实物保护突发事件处置预案进行评估和修订，当国家或行业相关的法律、法规、规定或标准有重大变更，本单位的组织、机构、职能有重大变动，相关设施、设备、手段等有重大更新，威胁形势发生重大变化或有重大案件发生，或者通过演练或真实事件处置，发现处置预案、反应程序的可操作性、有效性需要完善，或发现更有效的处置技术措施时，需要及时进行突发事件处置预案的评估和修订。

12.2.4　突发事件演练

12.2.4.1　概　述

突发事件演练是指为有效应对突发事件，基于设施的基准威胁，依据处置预案而模拟开展的预警行动、事件事故报告、指挥协调、现场处置等。通过演练，可以普及实物保护及其突发事件处置的相关知识，发现预案中存在的问题，提高预案的科学性、实用性和可操作性，进一步完善处置准备。在演练中，突发事件处置组织机构相关部门、人员协同工作，能够提高协调配合、快速反应和妥善处置的能力。

12.2.4.2 演练的类型

1. 按演练内容分类

按照演练内容划分，可分为单项预案演练和综合预案演练两种。单项预案演练是针对预案中的某项功能开展的演练；综合预案演练是针对突发事件，对预案的流程、各部门之间的协同工作、综合保障等进行的全面演练。设施单位一般应每年开展一次实物保护突发事件处置预案单项预案演练，每两年开展一次综合预案演练。

2. 按组织形式分类

按组织形式的不同，可分为实战演练、桌面演练以及计算机模拟仿真。

实战演练是针对事件情景，选择实际保护目标，配备敌手与反应部队，利用激光对抗等模拟武器装备，以及各类设施、设备、器材、物资、软件系统等，通过实际操作，完成真实处置反应的过程。桌面演练是针对事件情景，利用图纸、沙盘、流程图、视频等辅助手段，依据处置预案进行交互式讨论或模拟处置状态下的反应行动。计算机模拟仿真是针对事件情景，利用已建立的设施及其实物保护系统演练计算机模拟仿真（二维或三维）模型，选择实际保护目标，输入实物保护系统探测、延迟相关参数指标，配置敌手与反应部队的行进、活动、毁伤等参数，通过计算机模拟敌手与反应部队的行动与对抗，完成处置预案的计算机模拟演练。某计算机模拟仿真演练如图 12-2-2 所示。

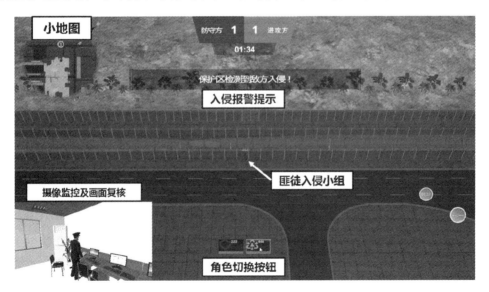

图 12-2-2　计算机模拟仿真演练

12.3 实物保护人防措施

实物保护是由人防、物防和技防组成的综合性系统，人防是利用人自身的各种能力，发现、拦截并制止敌手的入侵行动，如感官探测、声音警告、武器还击等。人防措施一般包括组织机构、警卫值班、执勤守卫、巡逻巡视、突发事件处置等。

12.3.1 组织机构

实物保护系统的有效性，离不开良好的运行体系，核设施营运单位要建立专职实物保护组织机构，明确具体权限和职责，配置满足实物保护需要的保卫专职管理人员。保卫相关管理人员和安保执勤人员应经过政治审查，无刑事处罚、劳动教养、收容教育、强制戒毒、开除公职和开除军籍等不良记录，按照不同岗位的实际需求，人员需具有相应的专业技术能力，接受岗前培训且通过考核，在岗期间也要定期进行培训、考核、复审。

根据核设施建造和运行不同时期的特点，制订并组织实施实物保护的各项规章制度，如保卫工作大纲、实物保护质量保证、警卫与守护、实物保护区域出入管理和突发事件处置预案等。

12.3.2 警卫值班

警卫值班主要负责实物保护技防系统的使用、运行、维护和维修等工作，包括保卫控制中心系统运行、出入口控制等。

1. 系统运行

系统运行是指实物保护保卫控制中心的值班人员使用集成管理平台或各子系统管理平台，对系统进行全面的监视控制和管理，并根据实际情况采取必要的通讯、控制、指挥等措施。系统运行一般包括报警监控处理、出入控制管理、突发事件配合处置等。

值班人员对前端传来的报警信息进行复核与识别辨别，区分是真实入侵报警、噪扰报警、胁迫报警，还是故障报警，对前端重要区域或部位的视频图像进行监控，及时发现各类异常情况，对各类报警、异常事件进行登记记录。对于保卫控制中心无法准确复核的报警信息，立即通知现场附近人员复核反馈，经确认发生真实报警或胁迫报警后，按照相应的突发事件处置程序启动反应行动。

值班人员实时监控各实物保护出入口状态信息，紧急情况下可根据流程远程控制相关出入口执行机构开启或关闭。结合设施情况，定期对出入各保护区域人员、车辆的授权信息进行审查，并依据审查结果对授权和证卡在系统中进行同步处理。

保卫控制中心是核设施中安全保卫信息的汇集和管理平台，必须由受过培训并通过考核的警卫人员昼夜值勤。

2. 出入口控制

出入口控制是指实物保护出入口值班人员使用探测、监视、安检、控制等手段，对进出人员、车辆及周边区域进行必要的监视、警戒、检查、制止及管理。

按照相关管理流程和制度要求，为进出各实物保护区域的设施人员及临时来访人员制作证卡、进行出入授权、注销权限等，监督检查临时来访人员的授权审批、陪访过程。

依托出入口控制设备和出入口违禁口检查设备，对人员的身份信息及进出授权信息进行核查判断，防止使用他人证卡和伪造证卡者进出，阻止没有合法出入证件或权限的人员进出。对人员携带的包裹进行检查，防止带入违禁物品。

利用出入口控制设备和车辆检查装置，对车牌等车辆信息进行核查和登记，对车底、车顶以及车辆内部进行检查，必要情况下可采取人工检查方式，防止非授权车辆或车辆携带违禁品进出。

出入口值班人员通过视频、人工等方式对出入口附近周边区域进行必要的监控，出现异常情况时及时报告包围控制中心。在发生突发事件情况下，按照相应的处置程序，配合保卫控制中心开展相关工作，关闭或打开出入口通道。

12.3.3 执勤守卫

执勤守卫是指驻守在设施实物保护出入口或重要目标附近的警卫，以及在突发事件处置过程中主要参战的警卫力量。根据核设施实物保护等级，需配置相应的警卫力量。警卫力量驻地需尽可能靠近核设施，配备必要的装备和通信手段，以利于突发事件的快速反应和处置。

警卫负责执行实物保护区域各出入口、要害部位值勤、警戒任务。在核材料存放点、重要核设备库房及其他要害部位，严格控制人员出入，做好审查登记工作。

在发生突发事件时，警卫力量执行应急处置任务，及时向上级及有关部门报告，迅速阻击、追踪、追捕入侵者，必要时对公众实施疏散和救援等。

12.3.4 巡逻巡视

巡逻人员负责执行实物保护区域及周界的昼夜巡逻任务。巡逻人员使用巡更、通讯、交通、反应等器材，按照预设路线对实物保护周界、重要目标进行定期或不定期的巡查，重点排查可疑人员和事件；在发生报警的地段，就近复核、查验；发生突发事件时应按程序要求或上级指令采取通讯报告、阻止制止等活动。

12.3.5 突发事件处置

在发生突发事件时，开展防卫、报警、阻击、配合有关部门查找和追回失踪的核材料等工作，最大限度地降低事件造成的危害和影响。突发事件处置的相关内容具体见12.2章节。

12.4 本章小结

本章对反应力量配备与部署、突发事件处置预案及实物保护人防措施进行了介绍。为了在发现入侵行动后能战胜敌手，需要配备足够的反应人员和反应装备；为了保持和提高反应人员的能力，需要预先制定突发事件处置预案和定期组织演练。人防、技防、物防是实物保护的三种基本手段，必须有机结合，才能实现更高的安全性。

PART THIRTEEN

第 13 章

实物保护系统评估

实物保护系统评估是在综合考虑核材料核设施的实物保护等级、设计基准威胁、反应力量及实物保护技术防范措施的基础上，分析评估实物保护系统应对潜在威胁的综合能力。在实物保护系统的方案设计、系统运行、升级改造等过程中，均需进行实物保护系统评估。实物保护系统评估方法分为定性评估和定量评估，通过使用定性和定量的评估方法，对实物保护系统达到预期设计目标的能力进行分析和评估，发现系统是否存在薄弱环节，为系统升级和改造提供建议措施。

13.1 定性评估

定性评估是在保护目标、核设施（核材料）等级、设计基准威胁、反应力量、实物保护系统组成已知的情况下，依据相关标准，采用现场视察、抽样检查、试验、演习等方法对实物保护系统进行的评估。定性评估存在一定的主观性，且不能实现全系统协同、各子系统协同等方面的综合评估。针对实物保护系统设计方案进行定性评估，主要包括系统完整性、可靠性。

13.1.1 系统完整性

在实物保护系统设计过程中，应根据实物保护系统探测、延迟、反应三个主要的功能要求，分别设置完整有效的保护措施，并对设计方案进行完整性评估。完整性评估的内容至少包括：

· 核材料核设施实物保护分区情况，是否依据核材料核设施实物保护等级进行实物保护分区，分区是否合理，是否考虑了所有保护目标，所有相应等级的核材料、核设施是否均设置在对应的保护区域内。

·周界实体屏障建设情况，各分区的周界实体屏障是否完整、封闭，周界的形式及各项要求是否满足现行法规标准要求。

·出入口设置及控制措施建设情况，各实物保护分区是否设置了出入口，出入口的通行能力是否满足工艺生产的通行需求，其防护能力、违禁品检查能力是否满足现行法规、标准的要求；出入控制系统能否有效识别人员身份和授权，能否制止无授权人员、车辆进出，能否检查出人员、车辆夹带的违禁品。

·入侵探测及视频复核监视措施建设情况，周界、重要建构筑物、重要部位等是否按法规标准要求设置了探测、视频监视措施，入侵探测设备是否能及时探测到非法入侵行为，探测后是否能快速有效地进行视频复核；视频监视复核设备是否覆盖了所有探测区域，并能监视所有需要监视的重要通道、重要位置。

·通信系统建设情况，是否按法规标准要求设置了有线、无线通信系统，通信系统的接通率是否足够。

·保卫控制中心建设情况，保卫控制中心是否满足集成管理系统的需求、双人值班的需求，其建筑物是否满足现行法规、标准的要求；集成系统是否能集中管理各子系统，协助值班人员方便快捷地判断现场情况、定位入侵位置。

·配套辅助系统建设情况，供电、防雷、照明等措施是否满足实物保护系统的需求，以及现行法规、标准的要求。

·反应力量部署情况，哨位、岗亭、营房布局是否合理，反应力量配备是否与设计基准威胁相适应，是否配备了必要的武器装备。

13.1.2 系统可靠性

在进行完整性评估后，确认实物保护系统是完整的之后，需要开展可靠性评估。可靠性评估的内容一般包括：

·系统架构的可靠性。集成系统故障后子系统是否能继续工作，单个子系统故障是否影响其他系统的运行。

·关键系统设备的可靠性。关键系统设备是否采取了必要的冗余、备份措施，如服务器是否采用双机热备份方式。

·网络或传输系统的可靠性。网络或传输系统中，尤其是关键的节点是否采用了必要的冗余架构，是否设置了必要的冗余设备。

·保障系统的可靠性。供电系统是否可靠，是否采取双回路供电，是否配备柴油发电机或者 UPS 电源等。

13.2 定量评估

定量评估包括有效性评估、风险评估和可靠性评估，其中有效性评估分析的是实物保护系统应对威胁的能力，风险评估分析的是敌手的非法行为一旦得逞可能带来的后果有多大，可靠性评估是分析实物保护系统自身性能状态是否可靠、可用，三者从不同角度分析了实物保护系统发挥效能的能力。

13.2.1 有效性评估

13.2.1.1 有效性评估的作用

实物保护系统有效性评估主要用于评估实物保护系统达到预期设计目标的能力，是在保护目标、核材料等级、偷窃或破坏核材料的后果因子、设计基准威胁、反应力量、实物保护系统参数已知的情况下，利用科学的分析评估方法，通过建模分析计算出反映实物保护系统效果的有效性指标，从而查找出实物保护系统的薄弱环节，并优选出合适的改进措施和方案。在方案设计、竣工验收、系统运行、系统升级各阶段都需要进行实物保护系统有效性评估。

在设计阶段，在实物保护系统设计方案初步确定后，基于设计基准威胁、系统设计方案等进行实物保护系统评估，验证系统是否满足各项法规标准的要求，发现设计方案的薄弱环节，提出优化改进方案，并进一步评估改进后措施的效果，同时进行利益代价分析，选取最佳的设计方案。在运行阶段，随着核设施的设计基准威胁、保护目标、反应力量、核材料等级、实物保护措施以及主要设备性能等因素的改变，也需要对实物保护系统进行重新评估，通过评估找出系统的薄弱环节，提出改进建议措施，确保实物保护系统的运行质量。

同时，利用实物保护系统有效性评估还有助于得到最佳费效比的设计方案。根据实物保护系统纵深防御、均衡保护、最大限度地减小系统失效后果的设计原则，在系统设计初期，对系统投入的费用越多，系统的有效性相对就越大。但是随着费用的增加，实物保护系统的有效性并不是无限制地提高，而是达到一定程度后，费用的增加很难再使系统的有效性得到很大的提高，实物保护系统的费效比关系如图13-2-1所示。采用实物保护有效性分析方法，借助专用的评估工具，通过改变实物保护系统不同元件的输入参数，可以对比不同方案下系统有效性和投入费用之间的关系变化，得出相对高费效比的方案或措施。

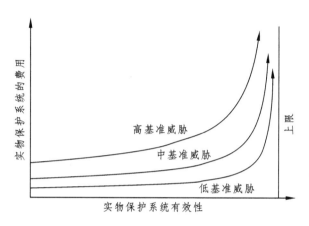

图 13-2-1　实物保护系统的费效比关系

13.2.1.2　有效性评估的基本原理

实物保护系统是由众多探测元件、延迟元件和反应元件组成的复杂系统，有效性评估充分考虑了实物保护系统探测、延迟、反应的综合作用。实物保护系统有效性指标是指系统挫败入侵的能力，包括针对外部敌手的有效性指标（$P_I \times P_N$）和针对内部作案的有效性指标（P_{DI}）。其中，截住概率（P_I）是指反应力量接到报警并赶到有效地点截住外部入侵的概率；制止概率（P_N）是指反应力量截住敌手后，交战中战胜敌手的概率；内部探测概率（P_{DI}）是指系统发现内部作案的概率。

实物保护系统有效性评估是在单条入侵路径的基础上建立起来的系统性薄弱性分析方法，目的是从所有可能的路径中，找出最薄弱的路径，即入侵者最容易成功的路径。对于某个具体的保护目标，入侵者想达到偷窃核材料或者破坏核设施的目的，可以选择的入侵路径有许多条。在敌手可选择的入侵路径上，有各种各样的实物保护元件，这些元件具有探测、延迟、反应的功能，能够提供不同的探测概率和延迟时间。图13-2-2和表13-2-1是一条入侵路径的示例以及这条路径上的典型实物保护元件。

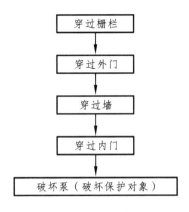

图 13-2-2　入侵路径示例

表 13-2-1　入侵路径上的实物保护元件

敌手行动	延迟元件	探测元件
穿过栅栏	栅栏结构	栅栏传感器
穿过外门	门的坚固度	门上的传感器
穿过墙	墙的坚固度	可被人听到的声响
穿过内门	门的坚固度	门上的传感器
破坏泵	破坏对象所需的时间	泵停止运转

　　实物保护系统的有效性评估是站在对敌手最有利的角度开展的，即在敌手到达保护对象的多条入侵路径中，入侵过程中被核设施反应力量截住的可能性最小的路径就是最薄弱路径，即用这条路径的有效性表示实物保护系统的整体有效性。由于实物保护有效性计算涉及探测元件、延迟元件、反应效能的协同效应，且需同时考虑作案工具、武器装备等不同因素的影响，因此最薄弱路径的查找及其有效性指标的确定是一个复杂的过程，需要专门的算法、工具的支撑，这也是实物保护从业人员多年来一直在研究解决的问题。

　　1. 入侵路径分析模型

　　为了找到最薄弱路径，必须首先确定保护目标和所有敌手可能入侵的路径（以对象为目标能导致偷窃和破坏的行动序列），通过分析外部敌手在每条入侵路径上被截住的概率来确定最薄弱路径，因此，单条路径分析数学模型的建立就非常必要，这也是实物保护系统有效性评估的理论基础。

　　实物保护系统有效性的量度是"及时探测"，是在仍有足够多的时间可供反应部队截住敌手的时候，探测到敌手的最小累积概率。也就是说，及时探测注重的是截住敌手的概率。利用"及时探测"的原则对单条路径进行分析评估的方法是一种路径分析方法，沿着敌手的一条入侵路径进行分析。路径由一系列的入侵路段上的延迟时间段和探测点表示，其分析模型如图 13-2-3 所示。

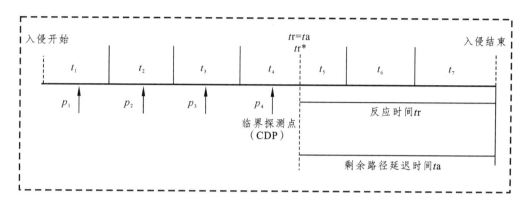

图 13-2-3　入侵路径分析模型示意图

图中黑色粗实线指敌手完成入侵行动所需要的时间，$t_1 \sim t_7$ 是指敌手穿过路径上所有延迟元件的延迟时间；p_1、p_2、p_3、p_4 表示探测点，其中 t_r 是反应力量的反应时间，路径上反应时间 t_r 等于路径延迟时间 t_a 的点，称作 t_r^*。在 t_r^* 之前的第一个探测点（图中的 p_4 点）称作临界探测点（CDP），探测必须发生在此点或此点之前（即 $t_a - t_r \geqslant 0$），反应力量才能有足够的时间截住入侵。因此，对于外部敌手的入侵行动，某条入侵路径临界探测点之前的探测属于有效探测，之后的探测均属于无效探测。

实物保护系统的截住概率 P_I 表示反应力量在敌手完成作业之前的某个点拦截住他的概率。根据上述数学模型，可知某条入侵路径上的截住概率 P_I 等于 1 减去临界探测点之前（包括临界探测点）所有探测器探测不到入侵的报警概率 $\overline{P(A_i)}$ 的乘积，即：

$$P_I = 1 - \prod_{i=1}^{k} \overline{P(A_i)}$$

我们用图 13-2-4 所示路径来进一步解释及时探测的概念。假定系统的各保护元件能提供的延迟时间和未探测概率如图 13-2-4 所示。如果反应时间是 100 s，则我们在敌手入侵路径上找到该敌手实现他的目标还大于 100 s 的这样一个点。就本例而言，在敌敌手穿过墙以后所剩的时间为 114 s（30 s 用于破坏泵，84 s 用于穿过内门）。由于前面有 3 个探测元件已被通过，如果前面 3 个元件均未探测到敌手，则系统是失效的，3 个探测元件未探测到敌手的概率：

$$P_{失效}=0.5×0.2×0.3=0.03$$

因而我们可以通过前 3 个探测元件来算出实物保护系统有效的探测概率：

$$P_{\mathrm{I}}=1-（0.5×0.2×0.3）=0.97$$

$$t_{\mathrm{r}}=30+84=114（s）$$

行动	最短延迟时间	最大未探测概率	
穿过栅栏	6s	0.5	$P_{\mathrm{I}}=1-0.03=0.97$
穿过外门	84s	0.2	
穿过墙	120s	0.3	
穿过内门	84s	0.1	$t_{\mathrm{r}}=114s$
破坏泵	30s	0.0	$t_{\mathrm{a}}=100s$

图 13-2-4　及时探测示例

及时探测只考虑探测时间、延迟时间和警卫反应时间，不考虑反应部队和敌手之间的交战，也就是说，它不模拟制止过程。

2. 最薄弱路径的确定

按照"及时探测"概念进行特定路径计算仅仅是一条路径的有效性计算，但实际设施中入侵路径可能远不止一条，人工找出所有可能的路径并逐一进行分析来确定最薄弱路径是很困难的，一般需要建立全面的路径分析模型。根据确定的保护目标和实物保护系统设置情况，将设施划分成多个相邻的保卫区域；然后确定所有相邻区域之间的保护单元，如出入口、栅栏、隔离带、墙等，对所有保护单元的探测、延迟要素进行定义；最后通过分析，描述出各个区域之间的、穿过这些路径元件的路径，通过软件来实现自动找出所有的路径组合，并计算出每一条特定路径上的截住概率数值。通过对各条路径上截住概率的比较，得到系统的最薄弱路径。

目前，国内已成功开发了实物保护二维和三维有效性评估软件（见图 13-2-5 和图 13-2-6），建立了实物保护评价数据库，并且已在多个实物保护工程设计中应用。

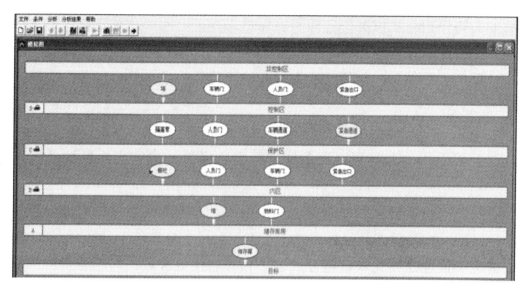

图 13-2-5 二维有效性评价薄弱路径示意图

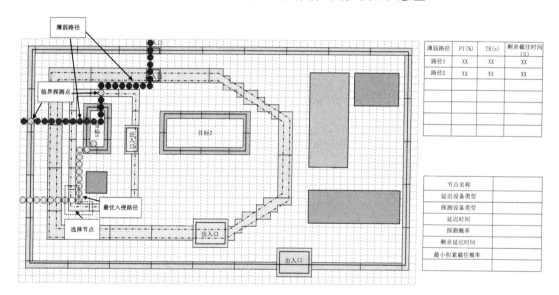

图 13-2-6 三维有效性评价薄弱路径示意图

13.2.1.3 有效性评估过程

（1）收集核材料核设施及其实物保护系统信息。

实物保护系统有效性评估所需的资料如下：

① 保护目标信息，包括保护目标的实物保护等级、目标的分布、设施平面布局等情况；

② 设计基准威胁，包括威胁敌手的类型、规模、携带武器装备、人员能力等情况；

③ 实物保护系统情况，包括实物保护周界、出入口及重要场所的实物保护措施设置具体情况；

④ 反应力量信息，包括反应力量驻地位置、人数、武器装备、交通工具等情况；

⑤ 设施内部人员类型、工作授权、进出授权、权限等信息。

（2）依据相关资料和输入条件进行设施模拟，建立实物保护系统模拟模型。

建模是用计算机可识别的图形来模拟核设施中的实物保护系统，包括实物保护区域、重要设施及目标属性（类型、数量、分布等）、威胁特征、实物保护措施。设施建模先将设施分成多个相邻的保卫区域；然后确定所有相邻区域之间的保护层，保护层由一个或多个具有探测和/或延迟功能的路径元件（如：出入口、栅栏、隔离带、墙等）组成；再确定入侵行动序列图中路径元件的种类及结构设置，从而建立敌手入侵行动序列图。敌手入侵行动序列图可以表示入侵者要完成偷窃或破坏的所有可能路径。

具体如图 13-2-7 和图 13-2-8 所示。

（3）外部入侵分析。

外部入侵分析是在设施建模的基础上，考虑外部敌手及反应力量情况，对核设施实物保护系统应对外部敌手入侵的有效性进行全面分析，得到反映实物保护系统应对外部敌手入侵的有效性指标：截住概率 P_I 和制止概率 P_N。

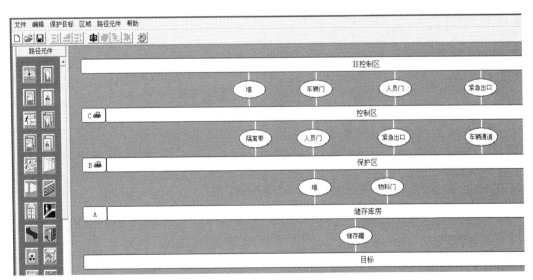

图 13-2-7　有效性评估二维建模示意图

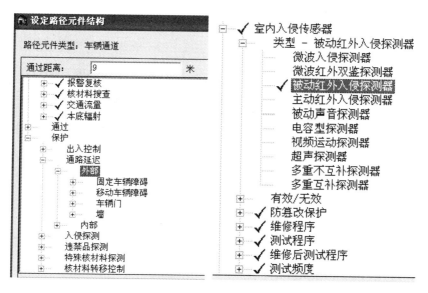

图 13-2-8　路径元件要素设置

　　入侵路径是以保护对象为目标的有序的行动序列，这些行动如果完成就会导致偷窃或破坏的成功。对于一个保护对象，通往它的路径有很多条，存在一条特定的路径，敌手沿此路径入侵被截住的可能性最小，此路径的有效性代表了整个实物保护系统的有效性。外部入侵分析利用系统薄弱性分析方法和单条路径分析方法，对通往一个核设施目标所有可能的入侵路径进行分析，计算出所有可能路径的截住概率，截住概率最小的路径为最薄弱路径，这条路径上实物保护系统的有效性代表了整个实物保护系统对付外部入侵的有效性。

　　对于制止概率 P_N，主要反映的是反应力量截住敌手后，能够战胜敌手的概率，实际评估中是场交战的计算模拟，根据兰切斯特作战毁伤理论，双方交战获胜的概率主要与双方参战人数和双方的平均战斗能力有关。其中，人数是独立的因素，但是平均战斗能力与携带的武器装备类型及数量、参战人员素质等因素都是相关的。

　　在实际评估中，将入侵人员的个人能力素质与反应力量按同等能力考虑，同时由于两者交战时所处的环境一致，因此对于平均战斗能力来说，可简化为仅仅与双方携带的武器类型及数量有关。若反应力量参战人数为 N，携带了 K_1、K_2……K_n 种武器装备，每种装备的数量为 S_1、S_2……S_n，则该方的平均战斗力为

$$\alpha = \frac{\sum_{i=1}^{n} K_i S_i}{N}$$

根据作战毁伤理论，战斗火力包括点火力射击和面火力射击，综合考虑反应力量与入侵人员的作战过程为小型交战，双方均在对方可视范围内，故仅考虑点射击作战，则双方的实力正比于各方人数的平方和单位平均战斗力的乘积，即平方定律：

$$P_N = \frac{\alpha x^2}{\alpha x^2 + \beta y^2}$$

式中，x 为反应力量参战人数；y 为入侵敌手参战人数；α 为反应力量平均战斗能力；β 为入侵敌手平均战斗能力。

（4）内部作案分析。

内部作案主要针对以偷窃核材料为目的，他的作案路径就是从他所在的最内部合法区域到核材料区再到非控制区，穿过各保卫区域周界出入口的最有利于偷窃核材料的可能路径。因此，内部作案分析也可以利用薄弱性分析方法，计算出各类内部敌手经过设施各个区域抵达保护目标，到取得核材料退出设施的过程中被探测到的概率，并把探测概率的最小值作为设施实物保护系统对付内部敌手入侵的有效性度量。

按照外部入侵模块中探测概率的综合计算方法，假设内部人员从他所在区域到达材料区偷窃核材料后再到达非控制区要通过 n 个保护层，则他的偷窃行为被探测到的概率 P_{DI} 为

$$P_{DI} = 1 - \prod_{i=1}^{n} \overline{P_i}$$

式中　　P_i——第 i 层路径元件探测到非法通过的概率；

$\overline{P_i}$——第 i 层路径元件探测不到非法通过的概率。

内部敌手由于具有合法的身份、权力，对设施情况比较了解，具备相关的知识，能够正常地出入核设施、接触核材料，其复杂及特殊性在于内部敌手本身所具备的能力和权限，他们可以利用自己的基础授权、工作权限来绕过设施的探测或延迟装置，减弱实物保护系统对其非法携带、转移核材料的探测能力，所以内部敌手所具备的特征将在很大程度上影响其薄弱性分析结果。

13.2.2 风险评估

风险评估主要用于分析偷窃或非法核材料、破坏核材料核设施可能带来的后果大小。风险评估表征的是在敌手万一作案成功的情况下，给国家及核材料核设施带来的影响和损失有多大，是否可以接受，用风险值 R 作为风险大小的量度。

核材料、核设施风险评估考虑了对放射性核材料作案的后果和实物保护系统遏制作案的综合风险。核材料、核设施的风险公式如下：

$$R = P_G \times (1 - P_I \times P_N) \times C$$

式中　R——风险值，表示敌手偷窃或破坏作案给社会造成的风险值。R 的范围为 0~1.0，0 表示没有风险，1.0 表示风险很大。

P_G——作案概率或攻击概率，值为 0~1.0，0 表示不可能作案，1.0 表示一定作案。在计算风险时通常假定 P_G=1.0。

P_I、P_N——截住概率、制止概率这几个概念在前面已提到。

C——后果因子，与材料丢失或被破坏造成的后果严重程度有关，范围为 0~1.0，0 表示作案发生对社会没有影响，1.0 表示作案发生对健康和安全、社会和国家等有很大影响。

13.2.3 可靠性评估

实物保护系统是一套综合安全防范系统，具备探测、延迟和反应的功能，具有纵深防御、均衡保护、最大限度减少部件失效后果等特征。实物保护系统由入侵探测、视频复核、出入控制、网络、集成管理、反应通信等多个子系统组成，具有结构复杂、设备种类繁多、数量庞大等特征。因此，建立高可靠性的实物保护系统，是保证系统有效性、提升核材料核设施安全水平的重要手段。

可靠性是指系统在规定时间和条件下完成规定功能的能力，相对有效性评估，可靠性评估针对的是实物保护系统自身的性能。对实物保护系统进行可靠性评估的目的是预计、分析系统的可靠性参数，从而为优化设计方案、提升性能提供技术支持。

实物保护系统可靠性评估一般包括可靠性参数指标选择与确定、可靠性评估建模、可靠性评估输入数据需求分析、可靠性指标分析评估四个步骤。

13.2.3.1 可靠性参数指标选择与确定

可靠性理论是以系统或产品的寿命特征为主要研究对象的一门综合性学科理论。广义的可靠性包括了可靠性、维修性、保障性、安全性、测试性等内容。实物保护系统可靠性评估主要考虑系统的可靠性、维修性及保障性三个方面。

其中：

可靠性是指系统在规定时间和条件下完成规定功能的能力，相关参数有可靠度、失效分布函数、平均寿命等。

维修性是指系统在规定时间和条件下，按规定方法和流程维修时恢复到规定状态的能力，相关参数有维修度、平均修复时间等。

保障性是指系统在规定时间和条件下，设计特性和计划保障资源能够满足使用要求的能力。

可用性综合考虑了系统的可靠性、维修性与保障性因素，表示系统在任一时刻处于可正常工作状态的程度，相关参数有固有可用度、使用可用度等。

实物保护系统可靠性评估一般选择平均故障间隔时间（也称平均无故障工作时间，Mean Time Between Failures，MTBF）、平均修复时间（Mean Time to Repair，MTTR）、平均失效时间（Mean Time to Failure，MTTF）以及可用度等可靠性指标。MTBF 是指产品或系统从开始工作到出现第一个故障的时间的平均值，MTTR 是指可修复产品的平均修复时间，MTTF 是指产品或系统平均能正常运行多长时间才发生一次故障。可用度=能工作时间/（能工作时间+不能工作时间）。

13.2.3.2 可靠性评估建模

实物保护系统可靠性评估建模一般采用任务可靠性框图建模法，主要步骤流程如图 13-2-9 所示。

1. 确定分析任务

确定实物保护系统可靠性评估的基本任务，如通过分析系统的可用度、平均故障间隔时间等参数，确定该系统是否满足设计、运行要求等；同时，深入分析该系统的结构组成、工作原理及模式、基本功能、信号接口等内容，为后续分析提供准确输入。

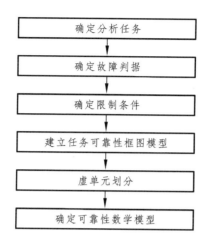

图 13-2-9　实物保护系统可靠性评估建模流程

2. 确定故障判据

规定实物保护系统的性能参数、技术指标等要求，列出构成系统故障的所有判别条件，将其作为可靠性分析的依据和判据。

实物保护系统一般需要实现以下功能，若未实现一般判定为系统故障：

（1）所有入侵探测器稳定运行，入侵探测报警子系统能够有效探测到非法入侵并发生报警；

（2）所有摄像机均稳定运行，视频信号达到规定的 1080P 质量要求，视频系统能够正常传输、显示、控制、切换、联动、存储及录像查看等；

（3）出入控制识别装置可靠运行，执行机构开闭正常；

（4）有线、无线两种通信系统工作正常，任意时刻任一种通信方式接通率满足大于 95% 的要求；

（5）网络平台数据畅通，未出现网络入侵等不安全行为；

（6）系统供电可靠、稳定；

（7）集成管理平台能够完成正常工作所需的系统管理、事件/报警信息实时显示与联动处置、电子地图交互、出入控制管理、视频监视控制、视频存储调用、通讯指挥等功能要求。

3. 确定限制条件

确定实物保护系统可靠性评估的所有限制条件，限制条件一般包括：

（1）系统及其各组成单元只有故障和正常工作两种状态，无第三种状态；

（2）不同方框表示的不同功能或单元的故障概率相互独立；

（3）假设人员完全可靠；

（4）假设旁联系统转换装置可靠度为1；

（5）假设表决系统表决器可靠度为1；

（6）其他。

4. 建立任务可靠性框图模型

按照上述输入条件并结合系统功能结构组成，建立系统的任务可靠性框图分析模型。

任务可靠性框图由代表产品、系统或功能的方框、逻辑关系连线、节点组成。节点分为输入节点、中间节点和输出节点。输入节点表示系统功能流程的起点，输出节点表示系统功能流程的终点。典型模型的可靠性框图如下所示。

（1）串联模型：系统所有组成单元中任一单元的故障都会导致整个系统故障的系统称为串联系统，如图13-2-11所示。

$$\longrightarrow \boxed{1} \longrightarrow \boxed{2} \longrightarrow \boxed{3} \longrightarrow \cdots \longrightarrow \boxed{n} \longrightarrow$$

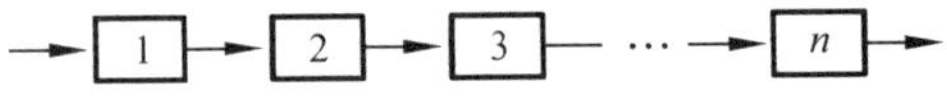

图 13-2-10   任务可靠性框图串联模型

（2）并联模型：组成系统的所有单元都发生故障时，系统才发生故障称为并联系统，如图13-2-11所示。

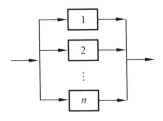

图 13-2-11   任务可靠性框图并联模型

（3）表决模型：n 个单元及一个表决器组成的表决系统，当表决器正常时，正常的单元数不小于 r，系统就不会故障，这样的系统称为 r/n（G）表决系统。它是工作贮备模型的一种形式，如图13-2-12所示。

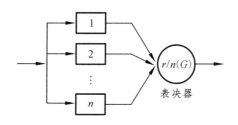

图 13-2-12 任务可靠性框图表决模型

（4）旁联模型：组成系统的 n 个单元只有一个单元工作，当工作单元故障时，通过转换装置转接到另一个单元继续工作，直到所有单元都故障时系统才故障，称为非工作贮备系统，又称旁联系统，如图 13-2-13 所示。

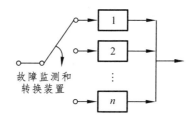

图 13-2-13 任务可靠性框图旁联模型

典型实物保护系统、子系统任务可靠性框图模型如图 13-2-14 和 13-2-15 所示。

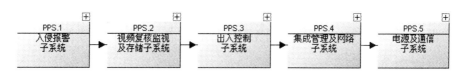

图 13-2-14 典型实物保护总系统可靠性框图模型

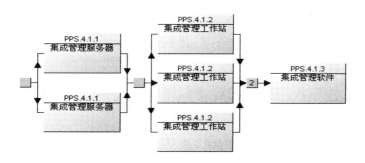

图 13-2-15 典型实物保护集成管理子系统可靠性框图模型

5. 虚单元划分

为便于分析，根据系统功能，将已建好的任务可靠性框图分析模型划分为几个虚单元，即将一些相互独立的单元组合在一起，构成一个虚拟的单元，达到简化可靠性框图的目的。

图 13-2-16 将可靠性框图划分为 4 个虚单元。

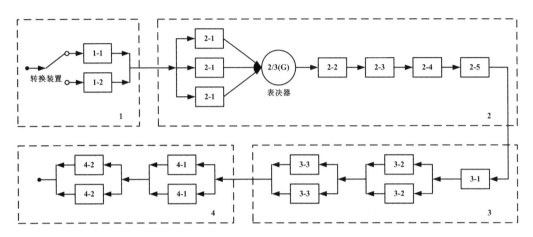

图 13-2-16　由虚拟单元构建的任务可靠性框图分析模型

6. 建立可靠性数学模型

分步建立该系统的任务可靠性数学模型。即首先建立各个虚单元的可靠性数学模型，进而再对简化后的系统可靠性框图建立数学模型。

13.2.3.3　可靠性评估输入数据需求分析

实物保护系统可靠性评估数据需求一般包括可靠性、维修性及保障性三个方面的设备级参数数据。

1. 可靠性参数

获取准确的实物保护系统设备的故障模式及故障率等参数，是进行系统可靠性分析的重要环节；输入参数的正确与否，直接决定了可靠性分析结果的完整性及准确性水平。

设备的可靠性参数一般包括各类软硬件设备的 MTBF 等，可通过以下两种方式获得：

（1）通过充分调研，由各设备厂家直接提供具体设备的 MTBF 值等可靠性参数。

（2）近似计算：结合已运行工程的实际运行、维护情况，通过统计运行时间、维修次数等运维参数，间接近似推算出设备可靠性参数。

如：设某型号设备 n 年内在工程中已实际应用 A 件，有效维修次数为 B，则其

$$MTBF \approx A*n/B$$

2. 维修性参数

维修性参数需求包括各类型设备的维修方式、维修时间、费用以及不同维修方式下的人力、工具、备品备件的需求等。

实物保护系统的维修方式分为修复性维修和定期巡检性维修两种。部分设备的修复性维修通过更换备品备件完成；部分设备的修复性维修则需要设备厂家的专业技术人员到厂实施。定期巡检性维修主要解决定期检测、保养等工作，所需的人力、工具、时间等需结合系统设备实际确定。

各个设备的维修性需求同时应结合具体任务配备。

例如，典型系统的修复性维修参数配置如表 13-2-3 所示。

表 13-2-3　典型系统的修复性维修参数配置表

序号	维修类型	任务持续时间/h	人力需求（类型/数量）	设备需求（类型/数量）	运行费用/元	备注
1	备品备件更换性维修	结合设备类型确定	普通技工 2人	普通仪表工具 1套	结合设备类型确定	任务时间服从指数分布
2	技术修复性维修—供配电系统	结合设备类型确定	电工 2人	供配电工具 2套	结合设备类型确定	任务时间服从指数分布
3	技术修复性维修—非供配电系统	结合设备类型确定	高级技工 1人		结合设备类型确定	任务时间服从指数分布

注：运行费用：除了维修人员、设备及其他备品备件费用之外所采取的其他措施的费用。

3. 保障性参数

实物保护系统的稳定运行需要人力、设备及备品备件等方面的综合保障。

人力保障需求包含系统运行维护所需人力资源的专业类型、数量、延误时间、调集费用、工作费用等参数。

设备保障需求包含在进行各项任务时所需的设备种类、数量、延误时间、调集费用、工作费用等参数。

足够的备品备件配备是提高系统可用性的重要措施，备品备件需求包含备品备件的范围、数量、价格、延迟时间等参数。

13.2.3.4 可靠性指标分析评估

在实物保护系统可靠性模型及输入数据确定的前提下，可通过可靠性预计、专用可靠性软件分析工具等对系统的可靠性指标进行评估，一般可选用蒙特卡罗仿真进行分析计算。

例如，采用典型的"基于故障树的系统可靠性蒙特卡罗仿真方法"进行仿真分析，基本步骤如下：

（1）建立系统可靠性分析失效故障树，确定故障树结构函数。

（2）获得失效故障树底事件的失效数据，确定失效分布函数。

（3）用蒙特卡罗方法对 n 个基本部件寿命进行随机抽样，取得每个基本部件故障时间的简单样本。

（4）通扫故障树找出单次仿真系统失效时间。

（5）用区间统计方法进行系统失效数的分布统计。

（6）通过系统可靠性指标的定义对所得仿真数据进行处理，可以得到系统的各项可靠性指标，如失效分布函数、平均故障间隔时间（MTBF）、可用度等。

例如，通过应用某软件平台分析，某实物保护系统在 10 年运行期间，总平均不可用度为 0.036 62，即总可用度为 0.963 38；系统运行维护总成本为 975 万元，如图 13-2-17 和 13-2-18 所示。

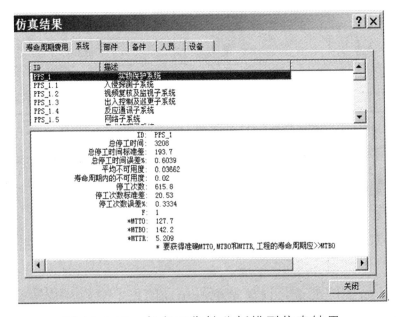

图 13-2-17 任务可靠性分析模型仿真结果

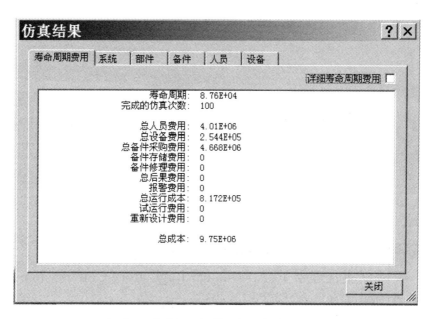

图 13-2-18　任务可靠性分析模型的寿命周期费用仿真结果

在完成了可靠性指标分析评估的基础上，对照系统可靠性设计指标要求，通过分析结果，可对系统的可靠性水平优化提出措施建议，如增加备品备件配备、提高维保人员专业技术水平、降低备品备件及维保人员的维修时间延误、提高某单体设备的本质可靠性水平等。

13.3　本章小结

本章对实物保护系统评估进行了介绍，评估是实物保护系统设计和运行的重要环节，通过评估，能发现系统是否存在薄弱环节，并采取相应补救措施。评估方法包括定性评估和定量评估。定性评估是一种主要借助专家经验进行评估的方法。定量评估通过有效性评估工具、可靠性评估工具、风险评估工具等进行定量的、科学的评估，能对系统的有效性指标、可行性指标和风险值进行计算。定量评估已应用于实物保护工程设计和运行中。

本书中的相关缩略词

IAEA，国际原子能机构，International Atomic Energy Agency

NRC，美国核能管理委员会，Nuclear Regulatory Commission

DOE，美国能源部，United States Department of Energy

ANSI，美国国家标准学会，American National Standards Institute

CFR，美国联邦法规，Code of Federal Regulations

DBT，设计基准威胁，Design Basis Threat

LWR，轻水堆，Light Water Reactor

HTGR，高温气冷堆，High Temperature Gascooled Reactor

VVER，俄罗斯水-水高能反应堆，Water-Water Energetic Reactor

HWR，重水堆，Heavy Water Reactor

CCTV，闭路电视，Closed Circuit Television

PAL，帕尔制（逐行倒相），Phase Alteration Line

NTST，美国国家电视标准委员会，Nationnal Television Standards Committee

SVAC，安全防范监控数字视音频编解码技术标准，Surveillance Video and Audio Coding

CCD，电荷耦合器件，Charge-Coupled Device

CMOS，互补金属氧化物半导体，Complementary Metal Oxide Semiconductor

DAS，直接连接存储，Direct Attached Storage

NAS，网络连接存储，Network Attached Storage

SAN，存储区域网络，Storage Area Network

RAID，独立磁盘冗余阵列，Redundant Array of Independent Disk

DVR，数字录像设备，Digital Video Recorder

NVR，网络硬盘录像机，Network Video Recorder

FAR，误识率，False Accept Rate

FRR，拒认率，False Reject Rate

PIN，个人识别码，Personal Identification Number

ID，身份识别卡，Identification Card

IC，集成电路卡，Integrated Circuit Card

TETRA，泛欧集群无线电，Trans European Trunked Radio

PDT，警用数字集群，Public Digital Trunking

DMR，数字无线通信，Digital Mobile Radio

LTE，长期演进技术，long term evoltion

PPS，实物保护系统，Physical Protection System

MTBF，平均故障间隔时间，Mean Time Between Failures

MTTR，平均修复时间，Mean Time to Repair

MTTF，平均失效时间，Mean Time to Failure

参考文献

[1] 连培生. 原子能工业. 北京：原子能出版社，2002.

[2] 周俊勇，郑书马. 安全防范工程设计. 北京：电子工业出版社，2020.

[3] 国际原子能机构. 核材料和核设施实物保护的核安保建议（INFCIRC/ 225/Rev.5）. 核安保丛书，2012（13）.

[4] 国际原子能机构. 设计基准威胁的制定、利用和维护. 核安保丛书，2011 （10）.

[5] 国际原子能机构. 核安保文化. 核安保丛书，2012（07）.

[6] 李国青. 核材料和核设施实物保护标准体系研究[D]. 申请清华大学工程 硕士专业学位论文，2011.

[7] 赵坤，仇春华. 核材料与核设施实物保护标准体系建设的思考[J]. 标准 研究，2022（4）.

[8] 陈荣达. 核安全技术体系框架的探讨[J]. 核安全，2019（6）.

[9] 吕敬. 实物保护系统有效性评价的建模与应用[J]. 中国核电，2013（3）.

[10] 芦杉，章小强. 安防监控集成系统可靠性分析[J]. 电子世界，2016（2）.

[11] 严明. 核材料与核设施实物保护延迟技术[J]. 原子能科学技术，2003（7）.

[12] 张志林，高伟，王慧. 基于雷电效应谈核电厂实物保护系统的防雷[J]. 科 技视界，2015（12）.